犹太人
凭什么赢

YOUTAIREN

PINGSHENME

YING

乐渊 / 编著

吉林文史出版社
JILINWENSHICHUBANSHE

前言
PREFACE

纵观天下商界，谁最会赚钱？谁赚钱最多？唯犹太人是也。

犹太民族是世界上受迫害最沉重的民族之一，同时又是一个群星璀璨、智者如林的伟大民族。他们是世界上的少数人，却掌握着世界上较多的资产；他们遭受了千年的凌辱，备受打击，四处流浪，却惊人的富有。他们天马行空，行为诡秘，让世人觉得神秘莫测；他们本没有什么资本，却最终处于财富的顶峰。

犹太民族是世界上最聪明、最神秘、最富有的民族之一，而犹太商人又以其独特的经营技巧及众多的商家富甲天下之状，摘取了"世界第一商人"的桂冠。

本书通过对犹太民族生存、智慧、经商等多个领域的揭示，讲述生动的犹太故事，用大量的犹太名人经典案例，浅显易懂地阐释了犹太人成功的秘诀。

如果您希望做一名成功的商人，如果您希望拥有伟大的企业，如果您希望在金钱里找到对神一样的信仰，那么请翻开《犹太人凭什么赢》这本书，细细地品味它，让它带您去开启财富之门，开通成功之路！

目录
CONTENTS

第一章

自称——上帝的选民

第二章

信仰——不灭的灵魂

第三章

教育——智慧的大门

第四章

智慧——财富的根源

第五章

自信——必胜的法宝

第六章

勤奋——生存的根本

第七章

经商——世界的金穴

第八章

赚钱——商人的天职

第九章

理财——精明的观念

第十章

借力——成功的手段

第十一章

目标——营销的技巧

第十五章

幽默——独特的智慧

附录　影响世界的犹太名人

第一章

自称——上帝的选民

犹太人遍及世界各地

世界上到底有多少犹太人，要回答这个问题并不容易，因为并非所有国家都有这方面的记载和统计，而且并非所有犹太人都承认他们是犹太人或有犹太血统，在犹太人境遇不好的国家尤其如此。据不完全统计，到2001年年初，全世界共有1325万犹太人，仍少于德国纳粹大屠杀前的1800万人。除495万人生活在以色列外，其余830万散居在世界各地。美国犹太人占犹太人总人口的一半，约有12％的犹太人生活在欧洲，在非洲和大洋洲的犹太人不到2％。

犹太人的足迹遍及欧洲。在希腊、法国、英国、德国、荷兰、比利时以及波兰、罗马尼亚、匈牙利，都有大量的犹太人。犹太人在移居国处境艰难，他们总在寻找出路，哪里有更好的谋生机会，就往哪里迁移。以波兰为例，中世纪波兰的国王建教堂需要劳动力，就招募了大量的犹太人去当劳工，这就是波兰犹太人较多的原因之一。

法国犹太史学家尼古拉·桑热说，因为犹太人移居欧洲的历史很长，许多家庭在几代甚至十几代之前就成为欧洲人了，所以统计起来较难。但桑热博士还是给了记者几个数字：目前，法国有犹太人 60～70 万，俄罗斯和乌克兰各为 50 万。

解体前的苏联是欧洲犹太人最多的国家，苏联解体后，法国便跃居首位了。此外，英国约有 20 万，德国 10 万，荷兰、比利时各 3 万。

经过一两千年的融合、通婚，犹太人在外貌特征上没有任何区别于欧洲人的地方。他们已是地道的法国人、英国人……区别在于宗教信仰，大部分犹太人仍信仰犹太教。由于历史和种族原因，欧洲很多犹太人从事商业和借贷业，其中的成功者进而成为银行家。欧洲最古老、最显赫的银行世家罗思柴尔德家族就是犹太人。在文化科技领域卓有成就的犹太人也不少，如 1992 年诺贝尔物理奖获得者乔治·沙帕克、法国大画家夏加尔等。

今天的犹太人从生活背景方面大致可以分为两种人——阿什肯纳兹和塞法迪。阿什肯纳兹（希伯来语意为德国）主要指散居在法国、德国和东欧的犹太人。塞法迪（希伯来语意为西班牙）主要指流散到西班牙、葡萄牙、北非和中东的犹太人。他们中既有金发碧眼的欧洲犹太人，也有黑发黄皮肤的亚洲犹太人和黑皮肤的非洲埃塞俄比亚犹太人。

虽然说着不同的语言，但他们是一个色彩纷呈的群体：既严重分裂，又高度统一。严重分裂表现在他们对犹太教信奉程度和对巴以争端等问题的政治观点上大不相同，甚至完全对立；高度统一则体现在他们对自己民族的深切认同感，无论是生活在以色列还是客居他乡，只要大敌当前，犹太民族都会表现出立场的惊人一致性。

两千年来，犹太人浪迹天涯，几十代与异族混居，如今早已面目各异，但在精神上他们始终是犹太人。民族自豪感与宗教信仰融为一体，使散居犹太人对故土始终有一种精神上的归属感。犹太人流散期间，恰是基督教确立、传播和发展的时期，作为异教徒的犹太人，其境遇可想而知。到20世纪三四十年代，德国法西斯的大规模屠杀将对犹太人的迫害发展到了极致。逆境中的犹太人更是怀念故国，"明年返回耶路撒冷"成为每天祈祷的语句。今天，犹太人在举行婚礼时，还保留着新郎要用脚踏碎一只玻璃杯的习俗，意为提醒人们即使在最喜庆的时刻也不要忘记故国圣殿被毁的不幸。无论在哪里，犹太人都始终念念不忘耶路撒冷。

无处不在的智慧与足迹

"三个犹太人坐在一起，就可以决定世界！"

"世界的钱，装在美国人的口袋里；而美国人的钱，却装在犹太人的口袋里。"

这是对犹太人非凡智慧的盛赞。犹太人是世界上最聪明的民族，他们的智慧是神奇的，举世绝伦。在常年的漂泊流浪中，在从未有过的大迁徙中，苦难和艰辛、饥饿和折磨、杀戮和欺

侮……一切的不幸迫使着犹太民族不得不用智慧去生存，去获取一口果腹的饭、一丝遮体的衣。犹太人智慧的诞生是被迫的，是在屈辱中诞生的，但是犹太人的智慧无所不在、从自然科学、社会科学到文学、艺术等，一切的人类历史都印有犹太人的足迹。

从全人类来看，犹太人自称为"上帝的选民"，不是自大。在人类文明发展史上，犹太人占有着非常重要的地位。他们为人类社会进步做出过巨大贡献，涌现出了一大批杰出的伟人与名人，他们在各自领域做出了惊人的成就。

（一）诺贝尔奖是全世界荣誉最高的奖项，这种奖项是绝对少不了犹太人的。到 1984 年为止，有 98 个犹太人获诺贝尔奖。其中，物理学 30 人，化学 15 人，生物医学 5 人，经济学 7 人，文学 8 人，和平奖 5 人。

（二）宗教界。世界上影响最大的宗教应推基督教，而人们所公认的基督教创始人是犹太人基督耶稣。他自称是上帝的儿子，到处传教，主张用禁欲、忏悔等方法来拯救人类自己。后来，他被犹太人出卖，被罗马人处死。时过两千年，他仍是世界各国家喻户晓的人物，堪称人类最著名的人物之一。在他的继承者中，最有名的属圣徒保罗，他也是个犹太人。此外，前面提到的犹太教之父摩西也是一位名满天下的大人物。尽管上述几人是否确有其人还难下定论，但他们的名字却是充斥世界。

（三）哲学界。在公元前后的希腊时期，斐洛融和了犹太教与希腊哲学，他的学说对后世的基督教哲学产生了巨大影响。在穆斯

林时代，本—迈蒙尼德(12世纪)又综合了希腊的亚里士多德主义与犹太教，以理性来重新阐述犹太教文与律法。他为后世的犹太教思想做出了极大贡献。17世纪，斯宾诺莎"综合了唯理论与机械论"（《世界文明史》原文页码第645页）。18世纪的日耳曼启蒙运动中，戈特霍尔德戈莱辛与门德尔松是最突出的领袖，前者主张宽容的宗教思想，后者则按犹太人生活的实际情况修改了沿用已久的犹太教。在19世纪末法国的柏格森提出了20世纪影响最大的哲学流派之——直觉主义。德国胡塞尔则在一次大战前后提出了另一个很流行的哲学流派——现象学。其他著名的犹太哲学家还有科学哲学巨匠波普与逻辑实证主义名将之一维特根斯坦。

（四）思想家。最伟大的思想家莫过于提出一个庞大完备的学说体系并引发了波及全世界的社会主义浪潮的马克思，其次是精神分析学之父、影响遍及人文科学和文艺各领域的弗洛伊德。其余还应包括共产主义运动中著名的理论家伯恩斯坦，20世纪著名的法兰克福思潮代表人马尔库塞，阿多尔诺和霍克海默尔。

（五）社会科学学者。最突出的有古典政治经济学第二号人物大卫·李嘉图和大社会学家迪尔海姆。

（六）政治活动家。英国著名首相迪斯累里，德国女共产党

领导人卢森堡，苏俄著名政治家和理论家托洛茨基，美国当代外交家基辛格。两位教皇：著名的亚历山大三世和不太著名的安拉克列突斯二世。

（七）自然科学家。物理学家奇才济济：相对论创始者爱因斯坦、量子力学开创者波尔和波恩、原子物理学开拓者费米、创立电守恒定律的李普曼、测定光速的迈克尔逊、"李克"概念提出者之一的芬曼、提出量子电动力学公式的施温格、反质子发现者之一的西格晋。化学家也不乏其人：首次离析出纯氟并建立高温化学的莫瓦桑、染料合成研究的拓荒者拜多、氨合成法的创始人之一哈柏。生物医学家不胜枚举：近代化学疗法创始人之一埃尔利希，提出人类 A、B、AB 和 O 四血型的兰茨泰纳等。数学家中最著名的当代控制论的提出者维纳。

犹太民族所产生的各类名人中，以自然科学家居多，其次为学者与思想家。犹太民族还产生了许多杰出的体育运动员。除上述伟人外，犹太民族还为人类提供了半本《圣经》、伊斯兰教的思想来源和西方民主制度的一部分思想基础。犹太商人在中世纪和现代历史上为扫除欧洲封建主义和发展资本主义，立下了汗马功劳。

直到今天，犹太人在世界政坛上仍然大放光彩。例如，曾出任尼克松和福特两任总统国务卿的基辛格；奥尔布赖特是美国前任总统克林顿的国务卿，她也是美国历史上第一位女国务卿；刘易斯·布兰代斯担任联邦最高法院法官长达25年之久。在美国仅以1998年选出的106个国会议员为例，就有犹太裔众议员23人。

时至今日，犹太人在各行各业的成就也丝毫不逊色：喜剧大师卓别林、著名诗人海涅、音乐大师贝多芬、天才画家毕加索等。美国的电影业几乎可以说是由犹太人开拓的，几乎所有大型制片公司的创办人都是犹太裔人，如华纳公司的华纳四兄弟；派拉蒙公司的阿道夫·祖柯；米高梅公司的刘易斯等。

不仅如此，在经济领域，犹太人有着更加骄人的成就。他们在世界各地赚钱，金融、钢铁、石油、化工、电子、餐饮、娱乐业等领域他们无不涉足。在美国，每4名富豪中就有1名犹太人，犹太金融家在美国金融界的实力首屈一指。格林斯潘这位犹太裔金融大亨，长期担任美国联邦储备委员会主席，索罗斯被称为世界头号"金融大鳄"。

自我挖掘，世上没废物

在一家有名的博物馆不太惹人注意的墙上，挂了一幅特别的画，题名"将军"。画上是一个人和一个魔鬼在下棋，图画中的人集合了所有的智慧在与魔鬼奋力拼杀。

这盘棋，象征着人类在世界上的生活，所以比赛显得尤其重要，为了获胜，双方均使出了浑身的解数，令人遗憾的是，棋面出现的形势是：魔鬼将了一军，人类眼看就要落败了。有位特别的人来参观博物馆，看到了这幅画，并且深深地了解了画的含义，激动地站在画前不肯离去，嘴里蹦出这样一句话："魔鬼怎么能将人的军，会有这样的事情吗？"

他又凝视了许久，突然一跃而起，疯狂地大叫："骗人，骗人！"

"还有希望，还有一招……"

的确，魔鬼经常使人濒于毁灭的边缘，可是，人类经常都有最后的一招，那正是起死回生的一手，人类的希望就在这里。

貌似绝望的棋局还有解救办法，就是说，人类还有一步好棋可以走，走了这一步，人类就可以赢。

生命的天平，常在希望和绝望之间摇摆不定，只要加强希望的分量，就能保护生命，就可以使天平的指针倾向于人类的方向。

犹太民族正是凭借着这种生存意志，坚韧、自信、执着地走在世界的最前沿。

拜耳是德国著名的科学家，曾获得诺贝尔化学奖。他从小勤奋好学，进入大学是学习物理和数学的。毕业后，他觉得自己才21岁，还有潜力多学习一些科学知识，于是又开始攻读化学。由于已有了坚实的物理知识，学习化学进步很快，第二年（即1857

年）他就发表了对甲基氯的研究论文，初步显示出他在化学研究方面的潜能。

1872年，他在斯特拉斯大学任教授，从事教学工作的同时，充分发挥自己的潜在智慧，开展对酞染料种类的研究，很快成为染料史上确定靛青性质和结构成分的第一位化学家。三年后，他进一步运用自己的学识和研究成果，研究出靛蓝的全部成分，并建立了著名的拜耳碳环种族理论。拜耳花甲之年，还继续自我挖潜，编写了反映他的研究成果的著作《拜耳科学成就》。可以说，拜耳的一生是研究挖潜的一生，硕果累累。

如同拜耳一样的犹太人颇多，如多面手贝拉斯科、科学家总统卡齐尔、商学兼优的瓦尔堡家族等。他们的共同点是善于自我挖潜，从而获得一个又一个的胜利，取得事业上的成功。

犹太人伯林纳没有读过大学，但他创造发明的技术比博士和一般科学家还多，他发明的电话受话器比爱迪生还早，他一生发明了许许多多的新技术、新产品，被称为"美国最有价值的一位公民"。这都是他勤奋好学，善于总结自己和别人的经验，挖掘自己潜能的结果。

犹太人明白，人的经验和知识不是天生的，而是后天学习的。正如孙中山先生所说的，"人不是生而知之，教而后知"。一个人因生活或工作经验不足、知识不够而招致事业的失败，千万不要失望和气馁，而应采取补救的办法，随时随地记你所当记的，学你所当学的。爱因斯坦虽然是一位杰出的科学家，但他同样感到自己的知识和经验的不足，他明白知识的海洋浩瀚无边，仅数学这门学科，就分成许多专门领域，每个领域都能费去一个人一生的时光。在创立相对论时，他深感自己的非欧几何知识不足，但他没有因此放弃自己的奋斗目标，而是立志专攻非欧几何，补足这方面知识，最后终于创立了闻名世界的相对论。

不仅科学技术领域，经商也如此。许多商界巨子，都是因为不断地努力充实自己的工作经验和知识，一步步地攀登到最高的位置，最终走上发迹致富之路的。犹太人比奇特尔，从德国移民到美国时，一无所有，既没有资本，又没有专业知识。为了生活，他从事一些家庭维修业，如厕所、水喉、窗户的维修等。他没有经验，悄悄到一些工地观察别人怎么安装和建设，自己找有关的书籍学习这方面的知识，把自己的精力和潜能全部挖出来。经过几十年的奋斗，比奇特尔公司发展成为世界级的建筑工程集团，年收入达上百亿美元。

犹太人形成一种好学风气，他们宁可克制自己的游乐和忍耐艰辛，在充实本身的经验和知识上却大量投资，绝不吝啬。他们明白，工作经验和知识的充实，可把自己的潜能充分地带动出来，成为事业成功的资本。

工作上的经验和知识，加上自身的潜能，是一个人的最宝贵财富，它引导你走上成功的康庄大道，是打开财富之库的金锁匙。

优胜劣汰适者生存

《塔木德》指出："生命有限，时光荏苒，只有奋斗不已，方能生生不息。"所谓丛林法则就是弱肉强食、适者生存、优胜劣汰。在犹太人看来，我们总是在和别人赛跑，也在和自己赛跑，我们虽能掌控自己，却只能永远不停地向前走，除此之外没有别的选择。

犹太人是颇具积极进取精神的，他们在任何场合、任何环境、任何时间都保持着寻求积极面的意识，这是犹太人成功的秘诀。当然，他们在正视积极面时，并没有忽视否定面，恰恰相反，他们敢于面对现实，绝无畏缩或自我陶醉。正因为犹太人具有积极进取的精神，遇到困难总能设法把它转变为积极面，从而克服重重困难。

不可否认，这个世界是属于那些不停奔跑的人。他们为了生活忙碌着，为了自己心中的目标，一步一步地向前迈进。如果停止奔跑，就可能被别人甩在身后，更可能因此而失掉积极进取的斗志，最终被社会淘汰出局。

正是为了在激烈的竞争中生存下去，许多犹太人绞尽脑汁，想尽了办法。犹太人有个规矩，安息日不能工作，只能在家虔诚休息，学习典籍。可有个别商店的老板却照常营业，亵渎了安息日。一次讲道时，拉比对这些店主大加挞伐。可是，礼拜结束后，亵渎安息日最甚的一个老板，却送给拉比一大笔钱。拉比非常高兴。

到第二周礼拜时，拉比对安息日营业的老板指责得就不那么厉害了，因为他指望这样一来，那个老板给的钱会多一些。谁知，结果拉比一个子也没拿到。拉比犹豫了好一阵子，鼓足勇气来到这个老板家里，问他到底是怎么回事。老板回答："事情十分简单。在你严厉谴责我的时候，我的竞争对手都害怕了，所以，安息日只有我一个人开店，生意兴隆。而你这次说话一客气，恐怕下周大家都会在安息日营业了。"

这个商店老板，追求的就是一种垄断的有利条件，他付给拉比的那笔钱，不过是他安息日盈利的一小部分而已，这点儿费用要比采取其他招徕顾客的手法，如广告、惠赠、大减价等省时省力省钱得多，但这样一点儿小的竞争优势因为拉比的宽容也就失去了。

知难而进，逆流而上

人生不可能一直一帆风顺。犹太人凭着过人的胆识，抱着乐观从容的风险意识，知难而进，逆流而上，赢得了出人意料的成功。

然而，懂得从失败中学到经验和智能，这才是无可比拟的珍贵财富，只有坦然面对失败的人，才算真正成熟的人，在这方面，大概没有任何民族比得上犹太民族。

犹太女作家戈迪默无疑是犹太民族的骄傲。

她是第一位获诺贝尔奖的女作家，也是诺贝尔文学奖设立以来的第七位获奖者。然而，这份荣誉是她用40年的心血和汗水得来的，这当中，她多次面临严重的挫败，但她从不放弃自己，也毫不气馁。

戈迪默于1923年11月20日出生在约翰内斯堡附近的小镇——斯普林斯村。她是犹太移民的后裔，母亲是英国人，父亲是来自波罗的海沿岸的珠宝商，幸福的家庭生活，启发了小戈迪默的无限憧憬和梦想。

6岁那年，她抚摸和凝视着自己纤细而柔软的躯体，梦想着当一名芭蕾舞演员，她从剧院里得知，舞台生涯，最能淋漓尽致地表现人的情感，所以她报了名，加入了小芭蕾剧团的行列。但事与愿违，由于体质太弱，她对剧烈的舞蹈动作并不适应，经常被一些小病痛纠缠着。久而久之，小戈迪默只好被迫放弃了这个

梦想。

遗憾之余，这位倔强的女性暗暗发誓，条条大道通罗马，她终究要找到适合自己的成功之路。

然而，命运不但没有赐福给她，反而把她逼上更加痛苦的深渊。8岁时，她又因患病离开学校，中断了学业。夜晚，她常常流着无奈的泪，期盼着明天身体会好转，然而，天不从人愿，她只好终日坐在床上与书为伴。

某个明媚的夏日，心烦意乱又十分孤独的戈迪默，偷偷地走上了大街，她想从车水马龙的街上找到一点儿快乐。

突然间，她被一块不大不小的木牌吸引，久久不愿离开，这木牌上写的是：

"斯普林斯图书馆"。

她欣喜若狂，早已将课本读熟了的她，最渴望的莫过于书了。此后，她迷上了这家图书馆，整日泡在书堆里。

图书馆下班铃响了，她却一头埋在桌子底下，等图书馆的大门确实锁上了，她才钻出来，在这自由自在的王国里，尽情而贪婪地吸吮着知识的营养。就这样，慢慢地，她对文学产生了浓厚的兴趣。

她那稚嫩的小手拿起了笔，浓烈的情感化为文字写在白纸上。那年，她才9岁，文学生涯就此开始。出人意料的是，15岁时她的第一篇小说在当地一家文学杂志上发表了。

当时，不认识她的人，谁也不知道这些优秀的小说，竟出自一位少女之手。

几年以后，戈迪默的第一部长篇小说《说谎的日子》问世。优美的笔调、深刻的思想内涵，触动了当时的文坛。戏剧界、文学界几乎同时将关注的目光投向了这位女作家。

像一匹野马，戈迪默的创作一发不可收拾。漫长的创作生涯，她相继写出10部长篇小说和200多篇短篇小说。惊人的产量，加上精致的品质使她连连获奖：她的《星期五的足迹》获英国史密斯奖，之后她意外地又获得了英国的文学奖。

她说："我要用心血浸泡笔端，讴歌黑人生活。"满腔的热忱很快就得到报答。她的《对体面的追求》一出版，就受到了瑞典文学院的注意。

接着，她创作的《没落的资产阶级世界》《陌生人的世界》和《上宾》等佳作，轻而易举地入围诺贝尔文学奖。

然而，就在她春风得意、乘风扬帆之时，一个浪头伴着一个旋涡使她又几经挫折，瑞典文学院几次将她提名为诺贝尔文学奖的候选人，但每次都因种种原因而未能得奖。

面对打击，这位弱女子若有所失，她曾在自己著作的扉页上，沉重地写着："内丁·戈迪默获诺贝尔文学奖"，然后在括号内写上"失败"两字。然而，暂时失落并没影响她对事业的追求，她一刻也没放松过文学创作。终于，她从荆棘中闯出了一条成功的路。

生命的天秤，常在希望和绝望之间摇摆不定。只要不放弃希望，永远就不会失去胜利的机会。

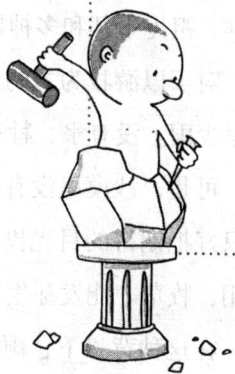

第二章

信仰——不灭的灵魂

苦难历史铸就独特信仰

犹太人的祖先希伯来人，在未进入迦南之前，曾经历过自然崇拜、祖先崇拜和多神信仰的早期原始宗教的历史。

对于以游牧为主的亚伯兰部落，自然界对他们最大的威胁是干旱少雨。没有水，牲畜无法存活，人也不能维系生命。

可是，沙漠里没有河流，没有湖泊，也没有出水的源头，人们只好把期待的目光投向了苍天。只要有雨水，人们就可以储存备用，牧草才能发芽生长，牛羊也不会被饿死渴坏。

在这种背景下，雨神便成了古犹太人顶礼膜拜的对象。他的名字叫耶和华。犹太人不敢直呼耶和华的名字，而称它为"阿特乃"，意思是"我的主"。直到今天犹太人仍然这样称呼他。

尽管耶和华很快成了古犹太人的精神支柱，但并非是他们唯一敬拜的神。同其他原始部落一样，古犹太人也崇拜岩石、山峦、树木、月亮与牲畜，特别是牛。

虽然希伯来人在迦南过上了安宁的生活，但他们又面临着另一个重大的威胁，那就是被经济与文化远比自己先进的迦南人同化的威胁。

希伯来人的部落酋长亚伯兰敏锐地认识到了这个问题，便开始寻求耶和华的帮助。

当亚伯拉罕意识到耶和华可以给予他一种神圣的力量，凭着这种力量，他可以将犹太人团结起来，于是他想方设法将耶和华描绘为一个"万能的神"，到处宣传犹太人是耶和华的特选"子民"，应以忠诚来换取耶和华的恩惠。

有一天，耶和华对亚伯兰说："我立你做多国之父，但你要向我保证：从此以后，你的名字不再叫亚伯兰，改叫亚伯拉罕，我要成为你和你后裔的神，你们必须世代的遵守和我的约定……你们世代的子民生下来的第八天，必须接受割礼，否则必从民中剪降，因为违背了与我的约定。"

在犹太人的历史上，上帝耶和华同亚伯拉罕所订立的这个契约非常重要。它表明从此亚伯拉罕将成为一个被上帝拣选来为宇宙服务的民族创造者。强化这一契约的割礼仪式亦有两重含义：一是作为一个被上帝拣选民族的圣化标志，二是加强了这个民族的宇宙因素。"亚伯拉罕"意为"多国之父"，它表明希伯来人终将超越本部落的艰辛，融入世界。这个契约成为自称"契约民族"的犹太人特性的开端。

当时亚伯拉罕创立了一种朦朦胧胧的信仰，即崇奉耶和华为唯一的神主。那时，人类怕火、怕闪电、怕一切足以伤害他们的自然之物，于是幻想有一个掌握世界的"神"，与此同时，犹太人创立了神教，首先有了自己唯一的耶和华。亚伯拉罕建立起来的信仰，不仅把犹太人统一起来了，而且为犹太教奠定了民族基础。

把摩西十诫，当作行动指南

公元前 1250 年，摩西带领以色列人出埃及，他们衣衫褴褛艰难地穿越在西奈的沙漠中，面临饥饿、干渴、疾病、劳累以及强敌追袭拦阻的威胁，不少人怀念在埃及虽被奴役但终究能维持生存的生活。于是他们的尊奉信仰开始产生动摇，以致在征途中摩西隐居修道时，有不少人乘机进行偶像崇拜。

为此，摩西不得不在西奈沙漠中停止行进，假托耶和华之命，对离经叛道的人发动了一场"清教运动"，以统一精神信仰。他声称耶和华在西奈山向他传授了十条戒律，作为耶和华与犹太人订立的约法。这十条戒律被刻在石板上，这就是著名的"摩西十诫"：

一、除了耶和华之外，不可信仰别的神；

二、不可为自己制作和崇拜任何偶像；

三、不可妄称耶和华的尊名；

四、当守安息日为圣日。前 6 天做工，第 7 天歇息，任何工作都不能做；

五、孝敬父母者，福寿长久；

六、不可杀人；

七、不可奸淫；

八、不可偷盗；

九、不可做伪证陷害人；

十、不可贪婪他人的一切。

摩西让犹太人12个部落在西奈山下设立祭坛，宰杀牛羊，将牲畜的血一半倒在盆中，一半洒在坛上，进行立约仪式。由此摩西初步创立了人类最早的神教——犹太教。"摩西十诫"不仅成为犹太教的基本教义，也是人类最早的法律之一，并在相当大的程度上影响着后来的基督教和伊斯兰教。

此外，在西奈流浪行进中，摩西还采纳了岳父叶忒罗的建议，把犹太人分别组成1000、100、50、10人各级规模不等的社会行政单位，选择能人贤者出任千夫长为各级行政首脑，协助摩西管理，结束了希伯来一直以来各部落混乱无序的状态。

摩西为争取犹太民族的独立和自由，确立了犹太人统一的宗教信仰，并促进了犹太民族形成的历史进程，成为千百年来被犹太民族所尊敬和仰慕的第一人。

伟大的先知是他们的精神领袖

每个民族都有他们信仰的人物，这些人物既是一个民族的体现，又是一个民族的标榜。

在罗波安统治时期，希伯来王国分裂为北朝以色列和南朝犹太国。内部倾轧、外敌蹂躏，信仰危机日趋一日地加剧了两个王国的衰败。

公元前 8 世纪中叶，民族危机与日俱增，一批"先知"登上犹太政治舞台，展开了一场影响深远的先知运动，

犹太教历史上伟大的"先知时代"由此开始了。

先知是上帝耶和华在犹太人中选来传达他意志的人；先知的一切话语皆真实无误。摩西是最大的先知，其预言是真实的。先知们都有一个共同点，那就是敢于坚持他们所认为的真理。

犹太人凭什么赢
YOUTAIREN PINGSHENME YING

先知们具有超凡的精力与智力，能预见到将要发生的一切，他们警告那些面临灾祸的人，如果他们一再坚持违背上帝的教导，将会有何等灾难降临到他们身上。先知们富有追求正义与真理的激情，经常毫无畏惧地向国王或君王传达上帝的旨意，要求他们服从上帝启示给先知的律法。

在犹太社会中，任何时候任何人背离了至圣的中心理念，先知就会传达上帝的意旨，教诲式地警告犯罪者，即使国王也不例外。

在犹太人2000多年的流散中，他们之所以能保持高度的民族统一性，主要是先知的思想中闪现着民族的良知，这不但促进了犹太教的巩固和发展，而且使犹太人的生活有了规范，甚至对全人类的人性也有着很重要的贡献。

先知中最伟大和最为杰出的代表有阿摩司、以赛亚、何西阿和弥迦。

先知的代表人物都从同一个基本观念出发，即一个上帝。一个唯一的创世主和士师——一个非神话的、非魔术的神——一个不屈从于命运和不受任何约束的最高意志。他们坚信必须维护和传播自己的信仰，要求人们遵守道德戒律。他们向犹太人传达上帝的预言和旨意：犹太民族要遭受亡国和流放之苦，但上帝不会忘记他的特选子民，历经苦难的犹太民族最终会回到上帝对他们应许之地，建立自己的国家。犹太人必须固守这一信念，否则就不可能获得拯救。

尽管先知们经历了犹太社会不同的动荡时期，看到了不同的历史事件，但他们都超越了各自的时代和历史事件，构筑了共同的宗教原则和伦理规范，这对犹太民族的信仰具有永恒的意义。

　　先知们用自己的智慧鞭挞着人们又启迪了人们，使犹太民族散而不亡，生生不息，同时也形成了犹太民族的信仰之源。

犹太人的圣经宝典《塔木德》

　　犹太人的富有和他们的宗教是分不开的，上帝特选之民的荣誉感激发着他们。

　　犹太人是伟大的，他们改变了这个世界，而他们的精神来源则是犹太教。

　　说起犹太人的宗教就不能不说《塔木德》。

　　《塔木德》从犹太教的三部典籍说起，第一部是《圣经·旧约》，还可以称作《塔拿克》，所有犹太人都要绝对忠诚地信奉它，《圣经·旧约》的前五卷称为《托拉》(又称《律法书》《摩西五经》)，是其中最重要的著作；第二部《塔木德》，它对《托拉》及犹太教经文中的"613条戒律"逐一做出了详尽解释；第三部是《米德拉什》。除《托拉》外，这是犹太教中的三部典籍。

　　《塔木德》是犹太教的第二部经典（希伯来语音译，意为

"教导"，又称口传《托拉》，出自《申命记》第11章第9节："你们将用它来教导你们的孩子"），其权威性仅次于《圣经·旧约》。对犹太教而言，《圣经·旧约》是永恒的圣书，而《塔木德》则是犹太教徒生活实用的经书，旨在给犹太人提供宗教生活的准则与为人处世的道德规范。犹太民族通常被称作一个"商人的民族"，许多时候，又常被称为"律法的民族"，犹太民族的律法精神集中体现在他们的经典《塔木德》中。

《塔木德》被看作是犹太教的基本法典，因为其中包括民法、刑法、教法、规章条例、传统风俗、宗教礼仪、各种社会道德的讨论与辩论、著名犹太教学者的生平传略等。《塔木德》也被视为一部犹太教精神的百科全书，因为拉比们在辩论中调动了各种论据。书中有脍炙人口的格言、民间故事、传说、逸事集、双关语、梦析，还有包括神学、伦理学、医药学、数学、天文学、历史学、地理学、植物学等方面的日常科学知识。

《塔木德》是2000位学者在1000多年的讨论和研究中完成的，它把这些学者的主要的观点和意见表达出来，是大家相对集中思想的表达，其本身并没有一个确定的答案。因此，严格地说它不是一部律法书，而是一部自己研究和探索的书，每一个犹太人的研究都是他自己的见解和观点。所以说《塔木德》是犹太人智慧日积月累的贮藏所，而这种智慧并不是非要显示在表面上。《塔木德》不是具有必然真理的著作，而是阐述了很多犹太拉比的观点。拉比们互相之间常常无法取得一致，但他们的观点却被认为有着某种神圣不可侵犯性，值得研究，是对于永无止境地探求《托拉》真理的一种贡献。犹太人在一起学习《塔木德》的时候也是他们互相交流和学习心得的过程。《塔木德》所解决的难题不胜枚举，若是关于一个合乎逻辑的答案存在着观点上的不一致，它能根据拉比中多数人的意见做出结论，因为《托拉》就是教导大家遵从大多数人的意愿。

"首要的不是精研律法，而是实践"，这一主题思想贯穿在整个《塔木德》之中。在犹太经学院中的学生即使把《塔木德》背得滚瓜烂熟，也不能算是一个好学生，因为《塔木德》中都是别人的讨论意见，你并没有融会贯通地发表自己的见解。《塔木德》是一部犹太律法的百科全书，内容包罗万象，可以供你参考借鉴，但绝不是行动指南。掌握《塔木德》的传统方法是借助评论不断地阅读它，就它与他人争辩，提出更进一步的解释，直到它成为熟悉的领域。

《塔木德》虽被称为犹太教仅次于《圣经》的法典，但绝对不具有一般法典那种"言不二价"的特征。种种大相径庭的观点并列共存，没有一个权威性结论，这种情况在《塔木德》中比比皆是。就像每本《塔木德》或者探讨《塔木德》的书都必须从第二页起才印上页码，以便让读者在第一页的空白处记下自己的观感一样，《塔木德》的作者们更愿意让种种争论留下一个继续争论的余地。

著名的犹太先知比赛亚说过："假若《塔木德》是一些固定

不变的公式的话，它就不能存在下来。所以，摩西曾向上帝恳求说，'宇宙之主，请将关于教义和律法中每个问题的终极真理赐予我们。'上帝的回答是，'教义和律法中没有先期存在的终极真理，真理是每一代权威注释者中大多数人经过思考得出的判断。'

"真理是每一代权威注释者中大多数人经过思考得出的判断"，这是上帝的"话"，更是犹太人智慧的闪耀。何等明智的上帝，何等明智的拉比，何等明智的《塔木德》！正因为有了这样一种明智，《塔木德》才能兼收并蓄地容纳了对《圣经》的各种解释，才能在接受新思想、新观念的同时，保存各种观点，保存各种流派，保存它们所代表的各种发展可能性和它们所蕴含的各种智慧基因。

一个屡屡被人称为顽固守旧的民族，却屡屡为人类做出各种开创性的成就，甚至贡献出与其人数不成比例的世界级大师，其秘诀就在于犹太民族特别善于保存其智慧基因以适应新的环境、迎接新的挑战。

圣殿聚拢民族灵魂

所罗门继承王位时，犹太民族正处于繁荣时期，百姓安居乐业，一派太平盛世的景象。四邻诸国如腓尼基、叙利亚争相与之建交；埃及国王还送来公主，以联姻方式建立睦邻友好关系。所罗门生活极为奢华，但是他并未忘记耶和华，他用七年时间为耶和华在首都耶路撒冷建造了一座极为雄伟壮丽的圣殿。

圣殿坐落在耶路撒冷的锡安山上，圣殿的中心是"至圣所"。这是一个正方形的小房间，长宽各是30英尺，房里立着两个木雕的天使，在其伸展的羽翼下，将安放神圣的约柜。

圣殿竣工之日，所罗门举行了隆重的庆祝仪式。他邀请犹太各界领袖会聚耶路撒冷，并亲自带领他们步行前往锡安山的基列耶琳迎取约柜。这个外形普通的木匣伴随犹太人漂泊了近600年，传说里面珍藏有当年耶和华在西奈山顶与摩西订约的"十诫"石板。

安放仪式十分庄严肃穆。所罗门身着紫罗袍，头戴金王冠，端坐殿中，身后站着500名手持金盾的王宫侍卫。身穿白袍的祭司、长老、贵族、奴仆、歌队、琴师和号手围聚在祭坛周围。殿中香烟缭绕，鼓号齐鸣。当祭司们肩抬"约柜"进入圣殿时，大殿内外顿时鸦雀无声，人们静心聆听国王的祈祷。

在至诚至圣的祈祷声中，"约柜"被安放在神秘而幽静的"至圣所"内。此后，每年只有大祭司有权在赎罪日那天走近圣灵一次，将牛血洒在地上，以示赎罪，随后即行退出。饰以香花和其他图案的包金大门终年紧闭，只有肃穆的雕像伸展着翅膀守卫着约柜。

约柜安置完毕后，圣殿内云雾弥漫，突然一团火焰从天而降，烧着了坛上的祭品，这似乎预示了犹太教的繁盛以及犹太人以后的多灾多难，同时也点燃了犹太民族对于心中圣殿坚定而又诚挚的信仰之火。

这场盛大的欢庆活动一直持续了两个星期，举国上下一片欢腾，杀牛宰羊，大肆庆贺。

圣殿的建成轰动了四邻各国，来圣殿观观者络绎不绝。耶路撒冷成了人人向往的圣地，犹太之王声名远扬。犹太教得以广泛传播，主神耶和华的形象和威力大大增强，逐渐上升为各地犹太民族的保护神。

圣殿的成功建造，在以后的岁月中，筑起了犹太人宗教信仰的圣所，使他们身有所往，心有所归，无论征途如何坎坷，人生如何多舛，心中的圣殿永远不倒。

所罗门建造圣殿的举措，正是犹太人智慧迸发的举动，它的意义远不是一座锡安山上的建筑。而是穿越时空，透过灵魂，集聚犹太民族心与灵一致的归宿。

第三章

教育——智慧的大门

学校在，犹太民族就在

从犹太民族对教育的重视和对教师的敬重，人们就不难想象学校在犹太人生活中具有何等的地位。

1919 年，犹太人同阿拉伯人正处于日趋激烈的冲突之中，耶路撒冷的希伯来大学便在隆隆的炮火声中奠基开工了。此后连绵不绝愈演愈烈的冲突，并未能阻止这所大学在 1925 年建成并投入使用。

犹太人之所以特别重视学校的建设，除了他们具有那种"以知识为财富"的价值取向之外，还因为他们认为学校无异于一口保持犹太民族生命之水的活井。

伟大的拉比约哈南曾说过："学校在，犹太民族就在。"

公元 70 年前后，占领犹太国的罗马人肆意破坏犹太会堂，图谋灭绝犹太人。面对犹太民族的空前浩劫，约哈南想出一个方案，但必须亲自去见包围着耶路撒冷的罗马军队的统帅韦斯巴罗。

约哈南拉比假装生病要死，才得以出城见到罗马的司令官。

他看着韦斯巴罗，沉着地说道："我对阁下和皇帝怀有同样敬意。"

韦斯巴罗一听此话，认为侮辱了皇帝，做出要惩罚拉比的样子。

约哈南拉比却以肯定的语气说："阁下必定会成为下一位罗马皇帝。"

将军终于明白了拉比的话，很高兴地问拉比此次有何请求。

拉比回答道："我只有一个愿望，给我一个能容纳大约 10 个拉比的学校，永远不要破坏它。"

韦斯巴罗说："好吧，我考虑考虑。"

不久以后，罗马的皇帝死了，韦斯巴罗当上了新罗马皇帝。当攻破耶路撒冷之日，他果然向士兵发布了一条命令："给犹太人留下一所学校！"

学校留下了，留下了学校里的几十个老年智者，维护了犹太的知识、犹太的传统。战争结束后，犹太人的生活模式也由于这所学校而得以继续保存下来。

约哈南拉比以保留学校这个犹太民族成员的塑造机构和犹太文化的复制机制为根本着眼点，无疑是拥有极富历史感的远见卓识。

一方面，犹太民族在异族统治者眼里，大多不是因为地理政治上的不同，而是成为文化上的吞并对象。小小的犹太民族之所以反抗世界帝国罗马而起义，其直接起因首先不是民族的政治统治，而是异族的文化统治，亦即异族的文化支配和主宰：罗马人亵渎圣殿的残暴之举。

另一方面，犹太民族区别于其他民族，首先不是在先天的种族特征上，而是在后天的文化内涵上。犹太民族有白人、黑人和黄种人，作为犹太教大国的以色列一直向一切皈依犹太教的人开放大门，只要接受犹太教就是一个正统的犹太人。

为了达到这一文化目的，犹太人长期追求的不仅仅是保留一所学校，而是力图把整个犹太生活的传统和犹太文化的精髓保留下来。从犹太民族2000多年来持之以恒、极少变易的民族节日，到甘愿被幽闭于"隔都"之内以保持最大的文化自由度，到复活希伯来语，所有的一切都典型地反映出了犹太民族的这种独特追求，和这种独特追求中生成的独特智慧。

这种智慧就是对民族文化的高度自信、执着和维护。

教育从小抓，童年教育决定终身

世界上有许多民族喜爱读书，人们常提到的有冰岛人、芬兰人、俄罗斯人、英国人、美国人等。但比较之下，人们发现犹太人更喜爱读书，而且更善于读书。

犹太人喜爱读书，有其历史和社会因素，其中，独特的家庭教育起着重要的作用。由于在历史上犹太人不断受到迫害，财产被掠夺，房屋被烧毁，人民遭驱逐，从而迫使他们把寻求知识、增长智慧当成一种防御手段。这种一心寻求知识，并以不同方式运用知识来谋生的特点世代相传，成为犹太民族的一个特点。

"没有学童的城市终将衰败。"

"有学童而不教育的家庭，必将是一个贫穷的家庭。"

孩子的童年决定他的终生，这在犹太人中是一个至理名言，在现实中也是不争的事实。当然，也有人认为人的一生是很复杂的，人的一生漫长，充满了各种各样的际遇与偶然性。如何将孩子打造成一个对社会有用的人是所有父母都必须面对的问题。

一个人是天才还是庸才，究竟是取决于天赋还是教育？这是一个在许多民族中有着争议的问题。但在犹太人中这个问题没有争议，他们认为一个普通的孩子只要教育得法，就能成为一个杰出的人。

犹太伟大的科学家爱因斯坦在儿时，并不是一个十分聪明的孩子，天赋也不算高，4岁才开始说话，在小学时因为学习成绩不好，老师曾要求他退学。但在他的家庭中，他母亲对他的音乐熏陶和叔父对他进行的数学启蒙，培养了他杰出的形象思维能力，使他最终成为一名伟大的科学家。

在很多人的头脑中有这样一种观念，认为孩子成长得好，是因为天赋优良；孩子不成功，就怪罪于先天不足，而不去追究父母在教育方面的失职。

很多成功的教育事例说明，对孩子的教育开始得越早越好。认为婴儿如同一张白纸，不具备学习与接受教育的能力，出生不久的幼儿就如同一只小动物，主要是吃饱，长身体，而不是学

习，这是人们普遍存在的偏见。事实上，孩子从出生到3岁前，是一个最为重要的学习时期。因为这一个时期，孩子的大脑接受事物的速度和方法最快最直接。

一位犹太教育专家曾说："人刚生下来的时候没什么两样，但因为环境，特别是幼小时期所处的环境不同，有的人可能成为天才或英才，有的人则变成了凡夫俗子甚至蠢材。就算是普通的孩子，只要教育得法，也会成为不平凡的人。"假如所有的孩子都受到一样的教育，那么他们的命运决定于禀赋的多少。

多数犹太教育家认为，婴儿在0至3岁之前的学习方式与长大后不同，前者是一种模式学习，即无意识学习，后者称之为主

动学习，即有意识学习。了解这一点对开发孩子的潜能是非常有价值的。

如何塑造天才，如何发掘天才？最为重要的就是在生活中，在我们的家庭中尽早挖掘出孩子的潜能。

生活中的天才是神秘的，事业上的天才更为神秘，因为我们不了解天才是怎样出现的。其实天才并不神秘，也不是可望而不可即的，而是与生俱来的一种潜能，每一个人身上都存在，很多人只是后天的培养不当，潜能没有开发出来而已。

根据生物学、生理学、心理学等学科的研究，人天生就有一种特殊的能力，它隐秘地潜藏在人体内，表面上看不出来，这就是潜能，即我们所说的天才。

人人都有潜能，但人的潜能并不是恒定和永存的，它是有递减规律的。

很多犹太教育家都认为，一个人的事业、社会地位、婚姻和财富，并不取决于某种单一的因素。智商高的人不一定能成功，反之，智商不高的人不一定不成功。智商低的人幸福的指数比较低，智商高的人则比较自由和快乐，智商的高低与早期教育有着极大的关系。

犹太母亲爱莎说："我的孩子出生还不到六周，我就自作主张要他看一些有颜色的东西，比如，我给他喂奶的奶瓶的颜色就各不相同，这与很多国家永远只用一种颜色的奶瓶是不一样的。我发现用不同颜色的奶瓶给孩子喂奶是一件很有意思的事。因为这样孩子就会爱上某种颜色，当用他所喜欢的颜色的奶瓶喂他奶时，他总是表现得很有食欲，两只粉嫩的小手总是试图要抱紧这只奶瓶。

"当然，用他不喜欢的颜色的奶瓶喂他奶时，他会不停地扭头，回避奶瓶嘴或吐出来，有时还会皱着眉头表示他的反抗。除了奶瓶之外，我还给孩子买了红色的小鼓，用短绳把小鼓拴到他的手腕上，随着手的上下摆动，小鼓就会随之发出声音。孩子就会很高兴。"

为了让孩子分辨与记住这些颜色，她每周给孩子换一个其他颜色的小鼓。通过这种方式，在不多的时间中孩子就会记住绿色、红色、蓝色、黄色等颜色。在形状上会对圆的、方的有一个不同的概念。

另一个犹太母亲海可·华丝格说："教育孩子的方式很多，可以让孩子拿一些贴有砂纸的纸片和其他光滑的物品，教给孩子粗糙、光滑等形容词。当然婴儿拿着这些东西总喜欢往嘴里送，家长要注意，不要让孩子养成这种习惯，让他们记住大人不允许的东西是不能放进嘴中的。"

犹太母亲的建议：给孩子买玩具，应按年龄有所不同。年龄小的孩子给他的玩具应该是线条简单而色彩明快的那种。

这是犹太母亲教育孩子的一些方法。这些办法很快就被大多数犹太母亲所接受。因为犹太人中有一个良好的习惯，为了教育好自己的孩子她们总是在不断探索教育孩子的方法。有了一种好的方法，她们就会毫无保留地传授给她人。她们认为教育好孩子是每一个犹太母亲的责任，也是每一个母亲所应承担的民族责任。

知识是自己的，别人永远偷不走

犹太人将知识与求知活动抬高到这样一种自身即为目的的境界，虽然有助于知识和学者的地位的提高，有助于教育的发达，但要是仅仅停留在这一近似于"形而上"的层面上，犹太民族很可能成为一个只会学究的民族。好在犹太人对于知识问题，还有一个相当实际的认识：知识就是人生最大的财富。

有一次，在一条船上，船客皆是腰缠万贯的大富翁，唯独其中夹杂着一名拉比。

富翁们聚在一起彼此炫耀财富多寡。拉比见后说道："我认为我才是最富有的人，不过现在暂时不向各位展示我的财富"。

航行途中客船遭到海盗抢劫，富翁们金银珠宝和所有财产都被搜刮一空。海盗离去之后，客船好不容易才抵达某个港口。

拉比的高深学问立即受到港口镇民的赏识，他开始在学校里开班授徒。

不久，这位拉比遇到先前同船而来的富翁们，他们一个个处境凄惨落魄。这时他们看到拉比受人尊敬的样子，一个个明白了当初他所说的"财富"，感慨地说："您的确说得对，受过教育的人拥有无尽财富。"

从这则故事中，犹太人得出的结论是：由于知识可以不被掠夺且可以随身带走，所以教育是最重要的，是人类最主要的资产。

犹太人的这个结论十分直观和实际。在当今世界上，知识就是财富，受教育程度同收入成正比，几乎已经成为一条严格的定理（除了在少数地方）。

以美国为例，一个高中毕业生一生大约比一个初中毕业生多挣 10 万美元（20 世纪 80 年代初水平）；一个大学毕业生又要比一个高中毕业生一生至少多挣 20 万美元。而在占世界犹太人总数达 38% 的 600 万美国犹太人中，高中毕业生当时已达 84%，大学生已达 32%。相比之下，全美总人口中，只有 35% 的高中毕业生和 17% 的人大学毕业。仅仅这一个差别已经构成了美国犹太人与美国其他少数族类群体巨大差异的基础：1974 年美国犹太人家庭平均收入为 1.334 万美元。而白种人中非犹太族类群体的家庭平均收入只有 9953 美元，前者比后者高了 34%。

对个人来说是如此，对国家来说也同样如此。用一位当了总统后又去当教育部部长的伊扎克·纳冯的话来说，就是"教育上的投资就是经济上的投资"。而且，"教育上的投资"不仅仅是

"经济上的投资"！知识是一种特殊形态的财富。不被抢夺且可以随身带走，这是一个多么大的优点！只有犹太人才这么早就领悟、发现、赞美这样的优点。在相当长的时期内，犹太人一直像逾越节前夕一般，身着行装，随时准备踏上旅途。而且，上路之前往往还要遭受一场洗劫。他们的不动产是带不走的，他们的钱币是带得走的，但往往被暴徒们和国正们带走。真正别人带不走而他们自己带走的，唯有他们的信仰和知识以及由知识和求知探索而生成的智慧。

既然犹太人的信仰往往是增加他们收入的一个大因素，那么，真正可以转化为物质形态的财富就只有知识了，而知识包括脑的知识，学问和手的知识，技能，同时也是他们所有投资的浓缩和凝固形式。犹太人在流散四方的途中或新居住点能迅速地找到那些缺乏教育而无法与之竞争的较好的位置，从而站住脚、恢复元气甚至兴盛起来，这笔"资本"所起的作用至关重要。而犹太人自己的国家以色列之所以能在短短几十年内迅速崛起，某种意义上，同样是这笔"资本"的作用。对于个体犹太人来说，知识的那种"可以随身带走"的灵巧性，也为他们选择同样"可以随身带走"的灵巧职业带来了极大的便利。

在任何一个地方，犹太人都相对集中于金融、商业、教育、医学和法律行业。20世纪70年代初，美国犹太人的职业构成中，这类专业性、技术性、经营性工作所占的比重，男子为70%，女子为40%，而同期全美平均却分别只占28.3%和19.7%。在最为灵巧而收入最高的两大行业，医生和律师中，犹太人的比例更是历来奇高：1925年普鲁士约有33%的医生和25%的律师是犹太人；在犹太人仅占4.5%的罗马尼亚，有1/3以上的医生（包括兽医）是犹太人；而20世纪70年代末的美国，约有3万名犹太医生，占私人开业医生总数的14%；约有10万名犹太律师，占律师总数的20%。看着这些令人不无枯燥之感的数据，不能不又一次感叹犹太民族、犹太文化和犹太智慧的神秘力量：一个古老民族保存了几千年的价值观念和技术手段，却能同现代社会如此和谐地吻合，人们不能不又一次猜想，这其中是否真有上帝的安排？

知识胜过财富，这是犹太人较其他民族更重视教育的原因之一，也是他们成为世界上最优秀民族的原因之一，更是他们杰出智慧的表现。

求知能改变一个人的命运

犹太思想家马克思说："求知能改变一个人乃至整个人类的命运，没有人是贫穷的，除非他没有接受过教育。"

犹太人爱读书，爱买书，爱写书。在犹太人的国度，无论是在街头巷尾，还是在车站广场，专心致志读书的人随处可见。

在犹太人的家庭中，父母让孩子从小就知道，家里的书架一定要放在床头，这是这个民族世代相传的做法，以此表达对书和知识的看重。如果谁家把书架放在床尾，就会被认为对书和知识的不敬而受到大家的蔑视。犹太人从来不焚书，即使是那些攻击犹太人的书也决不焚烧。

犹太人在休息日，所有的商店、饭店、娱乐场所都停业，交通全部中断，每个人都必须在家中"安息"和祈祷，严禁走亲访友，但有一点是允许的，那就是读书和买书。倘若你从阳台上向下看，你会发现海滩上空空荡荡，大街上寥无人迹，只有书店开业，每个书店中都挤满了人，没有大声喧哗，人们都在静悄悄地看书或购书。

每个书店都生意兴隆，人们对书的酷爱似乎胜于财富。书店中各种观点的书一应俱全，从最为深奥的哲学著作到最通俗的大众读物，都有着各自的读者群体。

在街头的报亭里，可以买到头天出版的西方各种大报，如《世界报》《纽约时报》等。

犹太人除了希伯来母语之外，大多数人都能讲流利的英语，全国有近30家报刊分别用15种文字出版，出版社与图书馆的数量居全球之首，仅有500万人口的国家竟有近900种刊物。每种刊物的定价都很昂贵，即使最节俭的犹太人家庭也总是要订阅好几种期刊或者报纸。购买书报是每个犹太家庭中的重要支出部分。

在犹太民族中，学者的地位要高于以色列王，他们认为如果一个学者死了，没有人能替代他，而如果一个国王死了，所有杰出的犹太人都有能力竞选国王。

犹太人求知精神的基点在于他们对知识有着深刻的也相当实际的认识——知识就是财富，由此便产生了对知识这种财富近似贪婪的欲望。犹太人四处流浪，没有家园，居无定所，没有生存和发展的权利保障。他们所到之处，唯一的支撑就是自己头脑中的知识，靠知识创造财富，从而由财富、金钱来为自己争得一条生路，一方生存发展的空间。物质财富随时都可能被偷走，但知识永远在身边，智慧永远相伴，而有智慧，有知识，就不怕没有财富。这正是犹太人流浪数千年依然生生不息的原因所在。

孜孜不倦的求知精神

犹太人在经济运营、商业运作上的非凡成就，与他们孜孜不倦、不断探索的求索精神是分不开的。

在世界任何地方，犹太人凭借着自己拥有"可以随身带走"的知识，跻身于知识要求高、流动性强的各种行业，美国三大电视网 ABC、CBS、NBC 的帅印，时代华纳公司、米高梅公司、福克斯公司、派克公司都是犹太人开拓的。在美国前 400 名巨富中，犹太人占了近三成。这些数字的列举可能显得枯燥，但我们不得不感叹犹太民族神秘的知识力量。知识在这个古老民族中竟然能焕发出如此巨大的力量，是知识拯救且复兴了这个古老而年轻的民族。

但反过来，我们不禁要问，为何在其他民族中，知识没有体现出在犹太民族中那样巨大而深刻的作用呢？我们甚至可以问，犹太民族何以让知识保持长久的魅力，并能存旧纳新，不断繁荣呢？答案就是，求知精神！

在犹太教中，勤奋好学不只是仅次于敬神的一种美德，而且是敬神本身的一个组成部分，这种宗教般虔诚的求知精神在商业文化中的渗透，内化为犹太商人孜孜不倦、探索求实的商业精神和锐意进取的创新意识。他们孜孜以求在知识的海洋中积累丰富的知识，同时也为形成犹太商人所特有的计划谋略与智慧发挥了文化滋养的作用。可以试想，一个目不识丁的人或知识缺乏者在商业舞台上会有运筹帷幄、从容应对的商业智慧吗？

12世纪的犹太哲学家、犹太人的"亚里士里德"，精通医学、数学的蒙尼德则明确把学习规定为义务：

"每个犹太人都必须钻研《塔木德》，甚至一个靠施舍度日和不得不沿街乞讨的乞丐，一个要养家糊口的人，也必须挤出一段时间来钻研。"

由这一原则所带来的结果是形成了一种几乎全民学习、全民都注重文化的传统。

这样一种学习的传统，作为一种卓有成效的培养、激发人们的学习积极性的价值观念，深深影响着犹太人的独特智慧，也促

成了犹太智慧的发扬光大。

在人类的价值体系中，粗略地可以区分出两大类价值：一类是工具价值，另一类是目的价值。

所谓工具价值就是本身作为取得其他价值的手段的价值。这种价值是否有价值不取决于其本身，而取决于它能否成功地导向或实现另一价值。

在学习效果方面，犹太民族同样显示出自己的聪明与智慧。人类文明的发达无非靠着两样东西的积累：一是物质形态的成果积累；二是观念形态的成果积累。在这两种积累及其结合的基础上，人类社会不断地以加速度发展着。

在第一种积累上，犹太人历来是大有贡献的。

在第二种积累上，犹太人更有贡献。仅仅一本《塔木德》对犹太人历史的影响，已经足以证明即使在宗教神学的外衣下，犹太人的学问在人类认识自身、开拓自身、约束自身方面的累累成果。以学习为职责的犹太人，在履行职责的同时，得到的是其他许多民族梦寐以求的兴旺发达。

第四章

智慧——财富的根源

智慧源于学习和思考

在犹太法规中有一项规定：当有人来借书时，不把书借给他人，要被扣以罚金。所以即使是敌人，当他向你借书时，也要借给他，否则，你将成为知识的敌人。不仅如此，犹太商人看重知识，却更亲近智能。

根据犹太商人的经验，智能是源于学习、观察和思考的。学习可以磨炼人的心性与思维，犹太人视学习为义务，视教育为"敬神"，而书是知识的主要载体，它是新知识、新技术和信息的载体，它启迪智能，拓展思维，指导实践。读书是使人获得智能的一条快捷方式，不更新知识、不学习、不读书，就意味着因循守旧，缺乏远见，更是一种无知和愚昧。

许多犹太人认为，在学习知识时，一要善于获取资料；二要有重点地选择，尤其对精要的部分必须细读精思，知其意义；三是借脑读书，通过别人的阅读，从他人总结的要点中获得精要的东西；四是善于进行人际的交流、沟通，从媒介网络中获取知识。然而知识必定是死的东西，关键在于运用，这就需要反复地观察、分析去领会事物的内涵，让知识通过自己的大脑"活"

起来。

美国连锁店先驱卢宾就是一位用活知识的典范。他发迹之初，在美国早期的淘金浪潮中做一些赎买生意，后来渐渐发迹了。在商战中，他花去若干年的时间去观察和分析市场的情况。他发现，如果进行生意买卖不明码标价，容易导致顾客对商品的误解与猜忌，这样不利于业务的开展，因为市场价格变化不定，如果能选择一个参照标准，也就是研制一种对每一种商品明码标价的销售经营方式，会令顾客放心，还能建立起同顾客间的信任关系，扫除商业交易中的欺骗行为。后来他采用了"单一价格店"的经营方式，交易额明显增加，并赢得了更多顾客的光顾。卢宾的生意越做越火爆，他所经营的商店光顾的顾客越来越多，但是，在购物时出现了人潮拥挤、空间不足的现象，从而影响了交易的正常进行，顾客也在购物时受到了影响。从这一点出发，卢宾想到了，一个商店无论如何经营，它的辐射范围都会受到限制，如果采取连锁经营方式，不但可以解决购物空间问题，同时也会使业务扩大，实行多店同货、同价、同服务方式经营，并在店面的布局、安排和装潢等方面都采取相同的模式，这等于是将一家店开设在多个地方，满足许多客户的需要，生意自然也就越做越大了。我们从中可以看到，卢宾商业业务的拓展，是建立在对销售方式、销售策略的创新上的，是一种对过去经营管理模式的突破。

作为一名杰出的商人，他不但拥有丰富的知识，了解销售的艺术和顾客的消费心理，而且通过观察将知识转化为智能和能力，根据商店的具体情况，设计出完整的解决问题的方案。

智慧与金钱的同一与同在

犹太人小时候几乎都要回答一个问题："假如有一天你的房子被烧毁了，你的财产被抢光了，你将带着什么东西逃命呢？"如果孩子回答是金钱和珠宝，母亲就会十分耐心地教导孩子：孩子，你要带走的不是金钱也不是珠宝，而是智慧，因为智慧是任何人都无法抢走的，你只要活着，智慧就永远伴随着你。追求智慧和汲取知识成了他们一种立身之本。

在犹太人的生活哲学中，一个人拥有赚钱的智慧，才是有真智慧，否则，只能是个照搬书本的书呆子。

1946 年，有一对父子来到美国，在休斯敦做铜器生意。

20 年后，父亲离世，儿子从此独自经营铜器店。他始终牢记着父亲的话，做过铜鼓，做过瑞士钟表上的弹簧片，做过奥运会的奖牌，甚至把一磅铜卖到了 3500 美元。那时他已是麦考尔公司的董事长。

然而，真正让他扬名的，却是纽约州的一堆垃圾。

1974 年，美国政府因翻新自由女神像扔下了大堆废料，为了清理这些巨大的垃圾，政府向社会广泛招标。但几个月过去了，仍然没人应标，因为在纽约州，垃圾处理有严格规定，弄不好会受到环保组织的起诉。因此没人愿意去干这既吃力又不讨好的买卖。

这位犹太商人当时正在法国旅行，听到这个消息，他立即终止休假，飞往纽约。在看过自由女神像下堆积如山的铜块、螺丝和木料后，他一言不发，当即与政府部门签署了清理这堆垃圾的协议。

消息传开后，纽约许多运输公司都在偷偷发笑，他的许多同僚也认为废料回收吃力不讨好，能回收的资源价值也实在有限，这一举动实在愚蠢之极。

然而当这些人都在等着看笑话的时候，他已开始组织工人对废料进行分类。他让人把废铜熔化，铸成小自由女神像，旧木料则加工成底座，废铜、废铝的边角料则做成纽约广场的钥匙，他甚至把从自由女神身上扫下来的灰尘都包装起来，出售给花店。

结果这些废铜、边角料、灰尘都以高出原来价值数倍甚至数十倍卖出，且供不应求。不到三个月时间，他让这堆废料变成了350万美金，每磅铜的价格比平时出售时的最高价格整整翻了1万倍。

商业化的社会永无等式可言，当你抱怨生意难做时，也许有人正气喘吁吁地点钞票。这里的奥妙就在于：你认为1加1应该等于2，而他则坚持1加1可以大于2。

毋庸置疑，犹太民族是世界上最聪明的民族，他们的生存智慧与经商技巧举世绝伦。也许正因如此，上帝赐给他们的"应许之地"贫瘠无比：地上少内河，地下无矿藏，一半国土是荒漠。然而，流散世界2000多年后，他们竟在这样的环境中建国立业，让荒漠变成绿洲，取得了举世瞩目的成就。

犹太人认为，金钱和智慧两者中，智慧比金钱更重要，但这种智慧必须是有用的智慧，能够为自己带来实实在在的好处。

逆境中游刃有余

身处逆境，不气馁，不失去希望当然是重要的，承受压力甚至苦难，顽强地忍耐着，等待机会更显可贵。

罗森沃德是全美最大的百货公司西尔斯——娄巴克公司的最大股东，也是全美20世纪商界风云人物之一。然而，这个做服装生意起家的富翁也经历了许多创业的失败与艰辛。

1862年罗森沃德出生在德国的一个犹太人家庭，少年时随家人移居北美，定居在伊利诺依州斯普林菲尔德市。

罗森沃德的家境不太好，为了维持生活，中学毕业后，他就到纽约的服装店做些杂工。罗森沃德从年幼时就受犹太人的教育影响，使他拥有了艰苦奋斗的精神。他确信凡人皆有出头日，一个人只要选定了目标，然后坚持不懈地向目标迈进，百折不挠，

胜利一定会酬报有心人的。

"我要当一个服装老板。"这是罗森沃德的奋斗目标。为了实现这个目标，他除了在工作中留心学习和注意动态外，把全部的业余时间用于学习商业知识，大量阅读相关书刊。到1884年，他自认为有些经验和小额本金了，决定自己开设服装店。可是，他的商店门可罗雀，生意极不佳，经营了一年多，把多年辛苦积攒的一点血汗钱全部赔光了，商店只好关门，罗森沃德垂头丧气地离开纽约，回到伊利诺依州。

痛定思痛，罗森沃德反复思考自己失败的原因。最后，他找出了缘由：服装是人们的生活必需品，但又是一种装饰品，它既要实用，又要新颖，这样才能满足各种用户的需求。而自己经营的服装店，既没有特色，又没有任何新意，再加上自己的商店尚未建立起商誉，没有销售渠道，所以注定是要失败的。针对自己出师不利的原因，罗森沃德决心改进，他毫不气馁，继续学习和研究服装的经营办法。他一边到服装设计学校去学习，一边进行服装市场考察，特别是对世界各地时装进行专门研究。一年后，他对服装设计很有心得，对市场行情也看得较为清楚，于是，他决定重整旗鼓。他向朋友借来几百美元，先在芝加哥开设了一间只有10多平方米的服装加工店。他的服装店除了展出他亲自设计的新款服饰图样外，还可以根据顾客的需求对已定型的服饰改进，甚至可以完全按顾客的口述要求重新设计。因为他设计的服装款式多，新颖精美，再加上灵活经营，很快博得了客户的欢迎，生意十分兴旺。两年后，他把服装加工店扩大了数十倍，并把服装店改为服装公司，大批量生产各种时装。从此以后，他财源广进，声名鹊起。

在人生的游戏中，失败时常发生，每个人都不必悲观，因为失败并不意味着没有希望，相反"失败"是成功之母，活用失败与错误，是自我教育和提高的有效途径。商场如战场，成功的背后可能有很多失败的辛酸。作为商人，面对失败，就应该像爱迪生那样坦然而绝不气馁。爱迪生一生有上千项科技发明，当有人问他经过许多次试验却失败了的时候，是否会感到心灰意冷，他回答说："不，我抛弃了错误的试验，重新采取别的方法，绝不沮丧！"

犹太人认为环境不好、遭遇坎坷、工作辛苦、事业失意是人生的正常现象，似乎每个人都被注定了要背负起经历各种困难折磨的命运。既然是前生注定，一生的坎坷就是难以避免。如果处于顺境，财源就会滚滚而来，取之不尽，用之不竭。一旦遇上风险，逆境来临时，就又要过一段节衣缩食的苦日子。不够坚强的人当逆境来临时，就会匆匆结束这次旅行，自认失败；如能够面对，就该明白，我们就是为经历这些逆境而来。财富就在勇气背后！

用自己的智慧取得成功

犹太商人认为：我们每个人自身都带着一个看不见的法宝，这个法宝就是人的智慧。当你把你的智慧运用到想要做的事情上时，就会收到意想不到的效果。那些成功的商人以他们的经历告诉我们：人有时是贫穷的，但这并不是上帝的意愿，而是因为他们从来没有产生过致富的愿望。如果有了愿望，当你清楚地看见他时，就要运用你的智慧去努力争取。

福勒是美国贫穷犹太人的儿子。5 岁时他就开始劳动，在 9 岁之前，他就以赶骡子为生。像他们这样的家庭，劳动和贫困并没有什么可抱怨的，有些家庭还认为贫穷是命里注定的，并没有强烈改善处境的要求。

幸运的是，少年的福勒有一位不一般的母亲。他母亲不满足这种仅够糊口的生活。

她时常同儿子谈论她的梦想："儿子，我们不应该贫穷，我不情愿听到你说我们贫穷是由于上帝的意愿。我们的贫穷不是由于上帝的缘故，而是因为你们的爸爸从来没有产生过致富的愿望，我们家庭中的任何人都没有产生过出人头地的想法。"

福勒决定改变人生。他把他所需要的东西放在心中，把不需要的东西抛到九霄云外，致富的愿望像火花一样迸射出来。最后他决定把经营肥皂作为一条发财的道路，于是他挨家挨户出售肥皂达 12 年之久。后来他得知供应商决定将公司拍卖，售价 15 万美元，而他经营肥皂 12 年有了 2.5 万美元存款。他觉得这是个机会，就与供应商达成协议：先交 2.5 万美元保证金，在 10 天之内把余额付清。如果到时无法筹齐余下的款项，他就将失去预付的保证金。

在经营生涯中，他赢得了许多商人的敬重。他找他们帮忙，向私交不错的朋友那里借了一些，又从信贷公司和投资集团那里得到援助。到了第 10 天的前夜，他筹集了 11.5 万美元，还差 1 万美元。这 1 万美元相当关键，将决定他的命运。

当时他已用尽所知道的一切贷款来源。暗夜里，他跪下来祷告："我祈求上帝领我去见一个能及时借给我 1 万美元的人。"他驱车走遍整条大街，直到在某栋商业大楼前看到了第一道灯光，那是一家承包商事务所的灯光，他走了进去，写字台旁是一个因工作而疲劳不堪的人，福勒感到自己应该勇敢一些。

"你想赚 1000 美元吗？"福勒开门见山。

这句话把承包商吓了一跳，"是啊，当然想的。"

"那么请给我开一张 1 万美元的支票，当我还清这笔欠账时，将加付 1000 美元的利息。"接着他把借钱给他的人的名单给这位承包商看，并详细地解释了这次商业冒险的情况。就在那天夜里，福勒口袋里多了 1 万美元的支票。后来，福勒越做越大，不仅在那个肥皂公司，而且在其他四个化妆品公司、一个袜类贸易公司、一个标签公司和一个报馆，都成功获取了控股权。

学会选择，懂得放弃

事业不顺利的时候，要坚忍，但也不是一味地忍下去，究竟应忍耐到什么程度，什么时候放弃，这也是身处逆境，败中求胜的智慧。

犹太人一旦决定在某项事业上投资，一定要制订短期、中期和长期的三套投资计划。

经过短期计划的实施后，即使效果不及预料的好，犹太人仍会推出第二套计划，继续追加投入，设法完成各项策略的实施。

第二套计划深入进行后，仍未达到预测的效果，或与计划不相符，而且又没有确切的事实和依据证明未来会发生好转，他们就会毫不犹豫地放弃这项投资。

犹太人认为，放弃已实施了两套计划的事业是明智的选择，即使亏掉了不少投入也无所谓。因为生意虽然未尽人意，但没有为后来留下后患，不会为一堆烂摊子而困扰未来的工作，长痛不如短痛。

在经营活动中，犹太人忍耐的个性是闻名天下的。但是，他们的忍耐是基于合算和有发展前途的投资基础上的，当发现不合算或没有发展前途时，不用说几个月，哪怕几天他们也不会等待下去。

犹太人詹姆士原来沾染了恶习，像个花花公子，把父亲给他

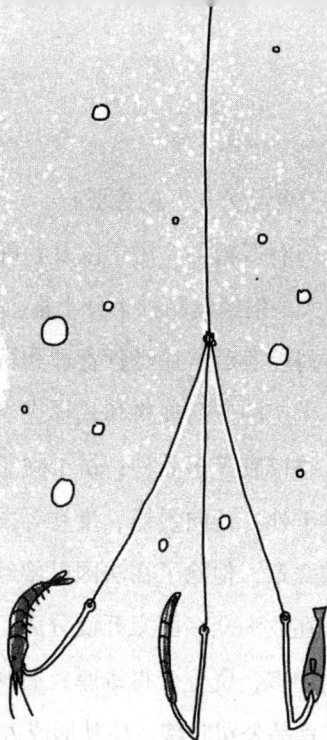

的一笔财产败光之后，生活难以维持时才觉醒要努力奋斗，决心从头做起。

他从哥哥那里借钱自己开办一间小药厂，亲自在厂里组织生产和销售工作，从早到晚每天工作 18 个小时。然后把工厂赚到的钱一点点积蓄下来扩大再生产。几年后，他的药厂极具规模，每年有几十万美元赢利。

经过市场调查和分析研究后，詹姆士觉得当时药物市场发展前景不大，又了解到食品市场前途光明。因为世界上有几十亿人口，每天要消耗大量的各式各样的食物。

经过深思熟虑后，他毅然出让了自己的药厂，再向银行贷得一些钱，买下"加云食品公司"的控股权。

这家公司是专门制造糖果、饼干以及各种零食的，同时经营烟草，虽然规模不大，但经营品种十分丰富。

詹姆士对该公司控股后，在经营管理和行销策略上进行了一番改革。他首先将生产的产品规格和式样进行扩展延伸，如把糖果延伸到巧克力、香口胶等多品种；饼干除了增加品种，细分儿童、成人、老人饼干外，还向蛋糕、蛋卷等发展。接着，詹姆士在市场领域上大做文章，他除了在法国巴黎经营外，还在其他城市设分店，后来还在欧洲众多国家开设分店，形成广阔的连锁销售网。随着业务的增多，资金变得雄厚，詹姆士又相机而变，把英国和荷兰的一些食品公司收购，使其形成大集团。

詹姆士的成功，正是得益于他当初对小药厂经营前途不佳的理智分析，及时调整经营思路，转向食品行业。由此可见，在商业经营中，适时放弃也是一种经商智慧。

 犹太人 YOUTAIREN 凭什么 PINGSHENGME 赢 YING

/第五章

自信——必胜的法宝

世上无难事，只怕有心人

犹太人的一个优良传统，就是自强不息，困难和挫折吓不倒他们，迫害和残杀挡不了他们的路。从罗马帝国时起，犹太民族家园被侵占，大部分犹太人被迫离开故土，流散天涯。在漫长的流亡漂泊岁月中，犹太民族虽然灾难迭起，几乎遭到灭族之灾，但人们发现，今天的犹太民族的特性、宗教、语言、文化、文学、传统、历法、习俗和勤劳智慧的资质没有因这 1900 多年的悲惨民族史而发生改变，他们至今仍保持着自己的特色和民族凝聚力。尽管他们长期以来遭受大放逐、大迁移、大捕杀，但他们仍做出了种种惊天动地的伟业。千百年来，犹太民族人才辈出、精英遍布世界。处境恶劣与成果频出形成强烈的反差，所有的一切都是这个民族的旺盛生命意识和自强不息的进取精神的反映。

自强不息精神是催人奋进和获取成功的法宝，是犹太人的一种制胜术。因为有了自强不息的精神，就会产生信心，有了成功的信心，就会设法发挥自己潜在的力量，这种力量用于自己的奋斗目标上，就可以排除万难，敢于面对现实，坚持下去，最终获得成功。这就是所谓的"精诚所至，金石为开"。

《华盛顿邮报》是美国首都的第一大报纸，它以独到的见解和勇敢求实的风格闻名于世，白宫的高级决策者们，每天清晨都阅读它。这家报纸的主人就是有着犹太血统的女强人——凯瑟琳·格雷厄姆。

　　当初，凯瑟琳是在丈夫去世后仓促接管报纸的。处处都是男人，这是凯瑟琳遇到的第一个问题。但她不得不面对他们，他们办事果断，能说会道，有抱负，有远见，信心十足，同他们相处很容易感到自己迟钝。男人本来就够难对付的了，何况他们又不是一般的男人，有时，看起来他们好像是用另一种语言讲话，这使她感到惊恐，感到自己不相称，因为他们懂得比自己多得多。

　　凯瑟琳找到老朋友李普曼，向他吐露了自己的心情。李普曼建议她每天阅读自己办的报纸，如有的报道她不理解，干脆把记者叫来，平心静气地在办公室问一些问题，从交谈中了解情况，把问题从专家们神秘的世界里挖掘出来，展开讨论。她逐渐了解到《华盛顿邮报》并不是一家特别好的报纸，一直存在着很多问题。于是，凯瑟琳决定改革。

　　报纸的兴旺关键在人才。希拉德利原是《新闻周刊》的主编，在凯瑟琳的丈夫（菲尔）买下这家杂志后，曾因一个女职员与菲尔争风吃醋，两人成为情敌。但当下，为了事业，凯瑟琳断然决定把希拉德利安排到《华盛顿邮报》任副主编，并很快提升他为社长。希拉德利把一批普利策奖获得者、最有才华的明星都聚集在自己周围，组成了一个光彩夺目的记者群，《华盛顿邮报》焕然一新。到

20世纪60年代末，该报的财政预算由1962年的290万美元提高到730万美元，工作人员增加了35％，报纸的页数从56页增加到100页，发行量增加了15％，年利润差不多是原来的两倍。

1971年，《华盛顿邮报》开始公开出售股票，但是，股票销售情况并不如人意，股票公司不知道如何销售这种特别的股票，除此之外，华尔街有许多保留，他们信不过一个女人领导的公司。这样一来，凯瑟琳就不得不去参加华尔街分析家们推销股票的辩论会。

出席辩论会的当天，凯瑟琳害怕得要命，但在发表讲话的过程中，她几乎一口气也没喘，她给人们留下了深刻的印象，展现在人们面前的是一个坚强而有吸引力的女人。她成功了，几天内，股票上升了三个指数，凯瑟琳征服了整个华尔街。

所以，面对逆境时，要相信自己：无论困难多大，但通往成功的道路，就在自己脚下，不管男人或是女人，只要相信自己，敢于主宰自己的命运，充分发挥自己的聪明才智，就一定能成就一番事业。

在危机中寻找希望

有这样一个科学实验：科学家烧开一锅水，把一只青蛙放在水边，当青蛙快接近水面的时候，竟然跳离了热水；然而，当把这只青蛙放进注满凉水的锅里，下面放火去煮，这只青蛙开始觉得很舒服，渐渐地觉得很热，却无力跳离热水，最后被煮死。

犹太人就像那只快到热水里的青蛙，他们时刻充满了危机意识，在任何情况下都保持着警惕。许多犹太人的一生经历了许多痛苦和苦难，因此，当他们有了安定生活的时候，他们是不会忘记曾经受过的苦难的。在他们的心里，时刻充满了警惕，目的就是不让自己忘记过去。

为了不让自己忘却苦难，他们制定了各种规则，在他们的日常生活、纪念节日、假日甚至婚礼上都时刻提醒自己不要忘记曾经的苦难。

他们每周的休息日是从星期五开始，直到星期六为止，星期天规定为一周的开始。为什么要把周五的黑夜定为全家幸福快乐节日的开始呢？

不仅休息日提示他们不要忘记痛苦，即使在犹太社会的纪念日中，最盛大、最隆重的节日"逾越节"也同样进行了规定。"逾越节"是犹太人纪念他们重返以色列的日子。在这一天，他们早早准备好精美的食品、华丽的服饰，大家快乐地度过这个美好的节日，但是在这个节日上，犹太人规定每个人必须要吃一种很粗的面包，还有一种很苦的野菜的叶子，因为这些代表着屈辱和失败。据犹太历史记载：犹太人早期的时候曾在英雄摩西的率领之下，越过沙漠，由于来不及准备吃的，他们只有吃那些没有发酵的面饼和路途上的野菜，千里迢迢、千辛万苦地才回到以色列，这件事距离现在已经有3500多年了，可时至

今日，犹太人仍然在纪念那段苦难的日子，让自己不要忘记苦难和屈辱。

人们这样评价犹太人的危机感及忧患意识：每当幸运来临的时候，犹太人总是最后感知；而每到灾难来临的时候，犹太人总是最先感知。

1921 年的俄国，经历着内战与灾荒，急需救援物资，特别是粮食。哈默本来可以拿着听诊器，坐在清洁的医院里，不愁吃穿安稳地度过一生。

但他厌恶这种生活。在他眼里，似乎那些未被人们认识的地方，正是值得自己去冒险、去大干一番事业的战场。他做出了一般人认为是发了疯的抉择，踏上了被西方描绘成地狱似的苏联。

当时，苏联被内战、外国军事干涉和封锁弄得经济萧条，人民生活十分困难；霍乱、斑疹、伤寒等传染病和饥荒严重地威胁着人们的生命。列宁领导的苏维埃政权采取了新经济政策，鼓励吸引外资，重建苏联经济。但很多西方人士对苏联充满偏见和仇视，把苏维埃政权看作是可怕的怪物。到苏联经商、投资办企业，被称作"到月球去探险"。

哈默心里当然也知道这一点，但风险大，利润必然也大，值得去冒险。于是哈默在饱尝大西洋中航行晕船之苦和英国秘密警察纠缠的烦恼之后，终于乘火车进入苏联，被灾荒困扰着的苏联目前最急需的是粮食。他想到这时的美国粮食大丰收，价格早已惨跌到每蒲式耳一美元，农民宁肯把粮食烧掉，也不愿以这样的低价送到市场出售。而苏联这里有的是美国需要的、可以交换粮食的毛皮、白金、绿宝石。如果能够让双方交换，岂不两全其美？在一次苏维埃紧急会议上，哈默获悉苏联需要大约100万蒲式耳的小麦才能使乌拉尔山区的饥民度过灾荒。机不可失，哈默立刻向苏联官员建议，从美国运来粮食换取苏联的货物，双方很快达成协议，初战告捷。

不久后，哈默成了第一个在苏联经营租让企业的美国人。

第一次冒险使哈默尝到了很大的甜头。于是，"只要值得，不惜血本也要冒险"成了哈默做生意的最大特色。

犹太人认为："不敢闯者等待机会，敢闯者则创造机会。不敢闯，不敢冒险，就不会赢得利润。"

积极进取，化腐朽为神奇

犹太商人不怕挣不到钱，只怕缺乏积极进取的挣钱精神，因此他们敢于向厄运挑战，不屈不挠坚持不懈，化腐朽为神奇。也正是这种精神，使许许多多的犹太人在各个领域出人头地，业绩卓著。

约瑟夫·贺希哈是一位出生在拉脱维亚一个贫苦家庭的犹太人，1908年随父亲迁到美国纽约市的布鲁克林区汉堡特贫民区。他们一家人在立足未定之时，一场大火烧毁了他们的家，家中屈指可数的财物全被熊熊烈火吞噬了，约瑟夫·贺希哈从此沦为在垃圾桶中寻找食物的小乞丐。

年幼的约瑟夫·贺希哈虽然在学校读书的机会不多，但他受父母的影响，人穷志不穷，时刻渴望有朝一日事业有成。

约瑟夫·贺希哈在流浪街头觅食中，每天拾获别人废弃的报纸，就坐在街边的石椅上看个不停，晚上借助路边的灯光来阅读捡来的书。慢慢地他对书报上的经济信息、股市行情产生了兴趣，决心在股票方面发展自己的事业。约瑟夫·贺希哈就是凭着这股顽强的进取精神，一步一步地向着自己的目标前进。

1914年第一次世界大战开始了，纽约证券交易所和美国证券交易所都因经营惨淡而关闭，美国绝大多数证券公司也岌岌可危。就在这个时刻，约瑟夫·贺希哈在奋发进取精神的驱使下，到证券交易所找工作。几位在交易所门口玩纸牌的人听到他来找工作，不禁哄然大笑，认为他在股市大崩溃的情况下还想做股票工作，是神经有问题。

贺希哈没有灰心丧气，他转身到别的交易所去寻找工作，都受到了讥讽和嘲笑，但他仍不放弃自己的追求。后来在百老汇大街1加号的依奎布大厦，在爱默生留声机公司找到了一份工作。那是一份办公室勤杂和午间总机接线工作，工薪很低，每周12美元，他乐意地接受了下来。

贺希哈认识到："千里之行，始于足下"。人生的奋斗目标总是从足下开始的。他牢牢记住古希腊物理学家阿基米德的名言："只要给我一个支点，我就能撑起整个地球。"他满腔热情地开始了工作，并珍惜自己获得的每一个支点的机会，利用晚间和假日认真钻研股票业务和市场行情。

不久，贺希哈发现爱默生留生机公司发行股票和经营股票，于是他潜心注意公司的经营情况。他想，自己现在从事的勤杂工作与高层次的股票工作差距太大，怎么能使自己靠拢它乃至参与它呢？他边工作边注意公司动作规则，边考虑怎么登上这一台阶。一天，他发现总经理办公室里有一个股市行情指示器，凭着多年钻研的股票知识，他深明它的作用。于是，在一天上午，他鼓起勇气，敲开总经理办公室之门，大胆地提出："总经理先生，我可以做您的股票经纪人吗？"

总经理惊讶后稍沉默了一下，盯着这位犹太小伙子，觉得他半年来工作勤快，反应灵活，并有勇气向自己提出这个要求，心里已默认了。他对贺希哈说："胆量是股海冲浪的首要条件，你既然有这种勇气，可以试试看。"

此后，贺希哈成为爱默生留声机公司股票行情图的绘制员，他运用自己积累的股票知识和行情资料，很快就上手了。在工作中，他对股票买卖领悟更深了，这为他日后事业的发展打下了坚实的基础。

贺希哈在爱默生公司工作时，节衣缩食，设法为自己积累一点儿本钱。他每天除了花很少的车费、午餐和零用钱外，其余全部积攒下来。同时，他还替另一家股票交易所当跑腿，这份兼职工作是从每天下午6时到第二天凌晨2时，来回跑送有关文件，从中赚取每星期12美元的报酬。经过3年的艰辛努力，他积累了250美元。于是，他根据自己的奋斗计划，成为一名独立的股票经纪人，从此走上发迹之路。不到一年时间，他已经拥有168万美元资产了。

股海是风云突变的，有时它不为人们意志所左右。当贺希哈的财富积累到超亿美元之时，在一次股市骤然下跌的时候，他买进的一家钢铁公司的股票所赚到的上千万美元及其他多宗赢利一下亏光了。

这一次惨败没有挫掉贺希哈积极进取的精神，相反使他更坚定信心，变得更聪明了。他回忆说："这一次失败给我只留下4000美元，几年的奋斗积累几乎输光了，那是我一生最痛苦的一次错误。但是，我认为，一个人如果说不会犯错误，他就是在说谎话。我如果不犯错误，也就没有办法学到经验。"

自从那次失误后，贺希哈经营股票顺利得多了。到 1928 年，他已经成为每月可以赚 20 万美元的股票大王了。1929 年是他最辉煌的一年，当年美国股市是历史上最热闹的一年，几乎全民都加入了股票买卖的行列。丰富的经验已使贺希哈"春江水暖鸭先知"了，他认定大雨和风暴即将来临，果断地将 1928 年末至 1929 年初大量买入的各类股票一分不留地抛售，得到了相当于原来投资 10 多倍的回报，一下又赚了超亿美元，成为当时赫赫有名的股票大王。

犹太商人中还有许多出类拔萃的人物，诸如连锁经营先驱卢宾、金融巨头金兹堡集团、报业大亨奥克斯、好莱坞老板高德温、地产大王里治曼、石油大王洛克菲勒等，他们成功很关键的一个原因就是他们形成了一种积极进取的民族精神，自幼接受了"我一定要有所作为"的积极观念。从小培养成功的信心，努力学习，这种民族精神促进了他们前进的脚步，增强了他们化腐朽为神奇的信心和力量——这是犹太人赚钱的本领。

忍一点儿，晴空万里

犹太人提倡忍耐，他们的忍耐能力非常强。两千多年遭受迫害的历史，为了生存，他们学会了忍耐，吸取了各种忍耐的经验。他们认为：忍一点儿晴空万里，让三分海阔天空。犹太人觉得："人的细胞每时每刻都在变化，每天都会更新。昨天生气的细胞，早被今天新的细胞所代替。酒足饭饱后思考的内容，与饥肠辘辘时考虑的也不一样。我们仅仅在等待别人细胞的更替。"

犹太人考夫曼能成为股市"神人"，是他顽强忍耐的结果。他 1937 年出生于德国，因遭受纳粹迫害，1946 年随父母逃到美国定居。刚到美国时他不懂英语，进入学校读书十分困难。但他很有耐心，不怕别人嘲笑，大胆地与美国小朋友交谈，从而学习英语。他还利用课余时间补习英语，吃饭和走路时也背诵英语词句。半年后，他能熟练地用英语进行交流了。他家境不佳，却以半工半读形式读完了大学，并获得了学士、硕士和博士学位。在工作中，他不辞劳苦，刻苦钻研，从银行的最底层做起，直至成为世界闻名的所罗门兄弟证券公司的主要合伙人、首席经济专家和股票、债券研究部负责人。他对股市料事如神，成为美国证券市场的权威之士。

"世上无难事，只怕有心人。"忍耐是成功的信心表现。成功之途是崎岖曲折的，不可能是畅通无阻的康庄大道。爱迪生一生发明了超过 1000 项的科技，他对待失败的态度是采取消去法。如有人问他经过许多次的试验而终归失败时，是否感到灰心气馁，他回答说："不，我抛弃了错误的试验，重新采取别的方法，

绝不沮丧。"

犹太人面对失败、挫折，确立忍耐制胜的法则是：

1. 对"失败"持正确健康的态度，不恐惧失败，要懂得失败乃是成功必经的过程。

2. 焦点不要对着过错与失败！应对准远大的目标，活用自己的过错或失败。

3. 遇到失败时，千万不能气馁，要坚忍不拔，矢志不移。

4. 发现此路不通时，要设法另谋出路，使自己顺应环境，适应潮流。

5. 要善于伺机，巧于乘势，等待机遇。

中国人的忍耐，使人们在生活中心平气和，实现对他人的容忍和宽容；而犹太人的忍耐，却创造出犹太人的赚钱绝招：在忍耐里争取我们应得的。

两千多年的迫害和杀戮，使他们在颠沛流离的生活中学会忍耐。这种忍耐不是消极的屈服，而是一种乐观的民族精神。在他们的信念中，人在变，社会也在随着人的变化而改变，社会一变，犹太人就必能随之复兴。

做自己命运的主人

从前，一头驴子不小心掉到一口枯井里，它哀怜地叫喊呼救，期待主人把它救出去。驴子的主人召集了数位亲邻出谋划策，却想不出好办法。大家倒是认定反正驴子已经老了，"人道毁灭"也不为过，况且这口枯井迟早也会被填上。

于是，人们拿起铲子开始填井。当第一铲泥土落到枯井中时，驴子叫得更恐怖了，它显然明白了主人的意图。又一铲泥土落到枯井中，驴子出乎意料地安静了。人们发现，此后每一铲泥土打在它背上的时候，驴子都在做一件令人惊奇的事情：它努力抖落背上的泥土，踩在脚下，把自己垫高一点儿。

人们不断把泥土往枯井里铲，驴子也就不停地抖落那些打在背上的泥土，使自己再升高一点儿。就这样，驴子慢慢地升到了枯井口，在人们惊奇的目光中走出枯井。

这则故事给我们三个启示：其一，假若你现在就身处枯井中，求救的哀鸣也许换来的只是埋葬你的泥土。那么，驴子教会我们走出绝境的秘诀，便是拼命抖落背上的泥土，变本来用来埋葬你的泥土为拯救自己的泥土，即将不利因素转化为有利因素。其二，无论绝望与死亡如何惊天动地，有时候走出"枯井"原来就这么简单。其三，驴子走出枯井时，表现得从从容容，这应该说是从生活或从困境中走出来的人，面向未来，充满活力的一种值得探讨和推崇的理念。

《塔木德》教导人们：“要救赎自己”，这种救赎不能靠别人，必须由自己来完成，看看犹太人是如何救赎自己的。

因为犹太人会精心设计自己的人生，所以在发现自己真正想要从事的职业之前，他们会不断地变换工作。美国犹太人朗司·布拉文就属这一类人。

布拉文是 37 岁才开始经商的。他的父亲在洛杉矶经营一所拥有 100 名员工的会计师事务所，他在大学学的是会计学，毕业以后他马上进了父亲的事务所工作。周围人都认为他会顺其自然地成为事务所的第二代继承人继续经营会计师事务所，但是，他总是觉得事务所的工作不适合自己，最后辞职了，开始自己尝试着经商。

他进入商界也就十几年时间，但年交易额已达 35 亿日元。他主要向日本出口高尔夫用品等与体育有关的用品、服装及辅助设备等。经销地点除了公司本部的拉斯维加斯外，还有日本及瑞士。他设想有朝一日能够建立世界规模的公司。

幸亏布拉文转换了工作，才发现更适合自己发展的道路。但是，当初做出从父亲的事务所辞职的决定肯定是很难的。虽说犹太社会父子关系是各自独立的，但是就这么眼睁睁地放弃非常成功的父亲的事业，自己出去独立发展是需要很大决心的。但是，遇到该选择父亲还是该选择自己的情况，犹太人会毫不犹豫地选择自己。

看看下面这则很有寓意的故事吧，之后你会有所感悟：

有三个人要被关进监狱三年，监狱长说可以让他们三个一人提一个要求。

美国人爱抽雪茄，要了三箱雪茄。

法国人最浪漫，要一个美丽的女子相伴。

而犹太人说，他要一部与外界沟通的电脑。

三年过后，第一个冲出来的是美国人，嘴里鼻孔里塞满了雪茄，大喊道："给我火，给我火！"原来他忘了要火了。

接着出来的是法国人。只见他手里抱着一个小孩子，美丽女子手里牵着一个小孩子，肚子里还怀着第三个。

最后出来的是犹太人。他紧紧握住监狱长的手说："这三年来我每天与外界联系，我的生意不但没有停顿，反而增长了200％。为了表示感谢，我送你一辆劳斯莱斯！"

这个故事告诉我们：什么样的选择决定今后过什么样的生活。今天的生活是由三年前我们的选择决定的，而今天我们的抉择将决定我们若干年后的生活。

犹太人就是这样，什么事情都是靠自己来争取。不能因为环境改变了，就要放弃自己的计划。中国有句俗语：三句话不离本行。犹太人素来以经商为主，不管他在哪里，他都会牢牢记住自己的理想，不会放弃。因为一旦放弃了，那么就等于放弃了自己。在他们的意识里面，生活只能靠自己去选择，去创造。

/第六章

勤奋——生存的根本

成事在勤，谋事忌惰

在犹太人心中，成功的背后必定有辛苦。远古犹太人生火，要花很长的时间去摩擦木头或石头，要吃果实，就得爬到很高的树上去摘。

犹太人认为，勤勉或懒惰都不是一个人的本性，很少有人一生下来就是辛勤的工作者，也很少有人是天生的懒虫，大多数人的勤勉或懒惰都是后天的，是习性所致。此外，孩童时期的家庭环境，以及所受的教育，也都有很大的影响。勤勉有两种：一种是外力强迫的勤勉，另一种是自己自愿的勤勉。

在贫穷的时代里，犹太人在劳动条件非常恶劣的环境中，只有从事长时间的劳动，才能维持生活，犹太人认为这是自愿的勤勉。

懒惰者，缺少的是行动，他们是思想的巨人，行动的矮子。实际上幸运只给勤奋者，等待只会浪费时间，等不来幸运。

下面的故事深刻地刻画出了懒惰者的心态。

一位探险家在森林中看到一位老农正坐在树桩上抽烟，于是上前打招呼说："您好，您在这儿干什么呢？"

老农回答说："上一次我要砍树的时候，风雨大作，结果，那些树未让我费力就自己倒了。"

"您真幸运！"

"你可说对了。还有一次，在暴风雨中闪电把我准备要焚烧的干草给点着了。"

"真是奇迹！现在您准备做什么呢？"

"我正准备等一场地震帮我把土豆从地里翻出来呢。"

懒惰，其实就是否定自己，把自己的生命一点点送入虚无，而不想做一次奋斗。懒惰是一种浪费，浪费的是比任何东西都宝贵的生命。一个成功的人，是不会有任何机会让懒惰得逞的。所以犹太人时刻都在提醒自己："成事在勤，谋事忌惰"。人生短暂，懒惰就如同自杀。

勤勉才是成功之本

犹太人认为，勤勉和成功是互为表里的，常常有很多人因为勤勉而成功，但却很少有人因懒惰而成功。虽然勤劳并不一定能获成功，但是无论如何，人们都要辛勤工作，因为这是通向成功的最基本条件。

犹太人在埃及受奴役期间，曾经长时间从事田里的工作，劳动量大得使人们不寒而栗。但是，辛勤工作的结果并没有使他们的生活得到改善，因为这些辛勤是由于外力所强迫的。如果是外力强迫的勤勉，是永远无法获得成功的。

外力强迫的勤勉对人自身绝不会有作用，因为一旦外力消失，这种勤勉就会荡然无存。自愿的辛勤较易产生出自己的东西，从而逐步培养自己。久而久之，就能确立一个完完整整的自我。

有这样一个故事：

罗马皇帝哈德良看见一个老人正在努力种植无花果树。他问老人道："你是否期望自己能够享受果实？"

老人回答说："如果我不能活到吃无花果的时候，我的孩子们将会吃到，或许上帝会特赦我。"

"如果你能够得到上帝特赦而吃到这树的果实，"皇帝对他说，"那就请你告诉我。"

时光流逝，无花果树在老人的有生之年结出了果实，老人装了满满一篮子无花果来见皇帝。见到皇帝时，他解释说："我就是你看见过的那个种无花果树的老人，这些无花果是我劳动的成果。"

皇帝命他坐在金椅子上，把他的篮子装满了黄金。可皇帝的仆人反对道："您想给一个老犹太人那么多荣誉吗？"

皇帝回答说："造物主给勤劳的他以荣誉，难道我就不能做同样的事吗？"

老人有一个懒惰的邻居，他妻子听了老人的故事，对丈夫说："皇帝爱吃无花果，给他点儿无花果，他就会给你金子。"

丈夫听从了妻子的话，也拿了满满一篮子无花果到皇宫，要求换取金子。

仆人报告皇帝，皇帝大怒："让这个人站在皇宫门口，每个进出的人都可以向他脸上扔一个无花果。"

黄昏时，这个可怜的人被送回了家，浑身又青又肿。"我要把得到的全给你！"他冲妻子喊道。

在犹太人看来，懒惰使人一事无成，上帝和人们都是奖赏勤勉的人的。因此，犹太人的生存之法是培养勤勉的习惯，因为这才是成功的关键。

当天的事情当天做

犹太人常把积压"未决"文件的人视作无能之辈。因此，当他们一到办公室，首先就瞅一眼办公桌上的文件，以此来断定那个人的能力。

他们认为，一个不能够及时处理文件的人，根本就谈不上什么能力，肯定是无能之辈。

这种"攻其一点不及其余"的看法似乎有些偏颇，然而，他们却有自己的说法。因为犹太人喜欢全面发展的人才，商人不仅会经商还应知识渊博具有较强综合素质，如果缺少这些，就绝对成不了一名好商人，赚不了大钱。

在犹太人的办公桌上，你看不见"未决"的文件。犹太人有着极强的时间观念，他们绝不浪费时间。办公桌上的待批文件，总是及时处理，积压文件的做法对犹太人来说，当然是不可取的。对商人来说，这些文件尤其重要，包含有商业往来的信件、商业函件等，它可能会提供商业信息、请求商业往来或是有关商品交易等。每个信件都包含着一条信息，给商人提供赚钱的机会。如果把这些亟待回答的文件积压在办公桌上，过一段时间再来处理，很可能为时已晚，因为对方的时间是宝贵的，当他迟迟等不到消息时，便断然放弃，另觅合作伙伴去了。如果是这样，你岂不是白白失去了一个赚钱良机，当你醒悟时，机会已经从你的手中溜走了。你后悔莫及！犹太人很清楚这点，所以，他们对自己手中的文件都极其重视。在犹太人的上班时间里，专门安排了处理文件的时间。他们一般是把上班后大约一个小时的时间称为"第克替特时间"，即处理文件时间。在这段时间里，将昨天下班到今天上班之前所接到商业函件的回信，用打字机打好发出去。在这段时间里，是不让外人打扰的。这样才能集中精力处理这些文件，以求高质量、高效率。

一旦有人打扰，速度和效率就会受到影响。所以，在这段时间内，有再重大事情的来访者，也是无法与主人会晤。对犹太人来说，"现在是第克替特时间"这句话，是大家都认可的用语，意思就是"谢绝会客"。所以，在上班后的第一个小时，你一定别去打扰犹太人办公。即使去了，也只有等到"第克替特"时间过后，他们喝完茶时才有可能会见。因为这时他们才开始正式办公。

"马上解决"是犹太人的座右铭，因此，他们非常注重"第克替特"时间。他们认为，拖延工作，是最可耻的事。犹太人不管做什么事，尤其是处理自己的生意问题时，绝不把问题遗留到明天，即绝不拖延，按照"每天都有每天的计划"办事。

靠天靠地不如靠自己

犹太人不管做什么，都注重确立人生的奋斗目标，然后全力以赴去做，他们确立目标注意切合个人实际与环境，不会把奋斗目标建立在可望而不可即的位置上。

犹太人大卫·布朗是英国的一位商人，他的发迹过程，就是他确立的目标的实现过程。他出生于 1904 年，父亲经营一间小型齿轮制造厂，经营几十年，仅可以赚取生活费。尽管如此，布朗的父亲还是一个头脑清醒的人，总结自己没有选好奋斗目标的教训，把希望寄托在儿子身上。为此，他严格要求布朗勤于学习和读书，每逢假日就规定他到自己的齿轮厂去参加劳动，与工人们一样艰苦工作，绝无特殊照顾。布朗在家庭教育下，在工厂里工作和生活了较长时间，养成了艰苦奋斗的精神，熟悉了工业技术的知识，形成了自己的人生奋斗目标。他的奋斗目标，不在于齿轮厂方面，而在于利用自己在齿轮业务上积累的经验，往赛车生产这个目标去奋斗。通过观察，布朗发现当代人对汽车使用已经普及，预感汽车大赛将会成为人们的一种流行娱乐，于是他大力发展赛车。他克服了重重困难，成立了大卫·布朗公司，不惜投入巨资聘请专家和技术人员搞设计，采用先进技术设备进行生产。1948年在比利时举办的国际汽车大赛中，布朗生产的"马丁"牌赛车一举夺魁，他的公司也因此一举成名，订单如雪片般飞来，布朗从此走上发迹之路，布朗和父亲的目标都实现了。

"犹太法典"说："超越别人的人，不能算是真正的超越；超越从前的自我，才是真正超越的人。"所以，与其千方百计地想要超越别人，不如勤以自勉，超越自己，这样才能不断地超越别人。

不屈不挠，锐意进取

几千年来犹太人遭受了无尽的苦难，但同时也练就了他们坚忍不拔的性格。在犹太人看来，苦难是一笔财富，只要一息尚存，就永不绝望，因为黑暗过后就是光明。

犹太企业家路德维希·蒙德，学生时代曾在海德堡大学和著名的化学家布恩森一起工作，他们一起发现了一种从废矿中提炼硫黄的方法。

后来路德维希·蒙德移居英国，把这一研究报告带到英国，几经周折，才找到一家愿意和他合作开发的公司，结果证明他的这个发现是有经济价值的。

从此，蒙德萌发了自己开创化工企业的念头。他买下了一个用氨水让盐转化为碳酸氢钠的专利，这种方法是他一起参与发明的，但当时还不很成熟。蒙德在柴郡的温宁顿买下一块地，建造厂房。同时，他继续实验，好让这个化学专利更成熟、更稳定。

然而，实验一再失败，蒙德干脆住进了实验室，日夜不停地工作。经过反复实验，他终于解决了技术上的难题。

1874年厂房落成，刚开始生产时情况并不理想，成本居高不下，连续几年，企业一直处于亏损状态。同时，当地居民也担心大型化工厂会破坏生态平衡，集体抗议，希望蒙德迁厂。

这时，犹太人在逆境中坚忍的性格，帮蒙德渡过了难关。他不气馁，终于在建厂 6 年后的 1880 年，在技术上取得了重大突破，产量增加了 3 倍，成本也降了下来，产品由原来每吨亏损 5 英镑，变成获利 1 英镑。

当时的英国，工厂普遍实行 12 小时工作制，工人一周要工作 84 小时。蒙德做出了一项重大决定，将工人工作时间改为每天 8 小时。事实证明，工人每天 8 小时完成的工作量与原来 12 小时一样多。

这时，工厂周围居民的态度也发生了转变，大家争先恐后要进入他的工厂上班，因为蒙德的企业规定，在这里上班，可以获终身保障，并且当父亲退休时，还可以把这份工作传给儿子。

后来，蒙德建立的这家企业，成了世界最大的化工企业。

凡事不顺利的时候，要懂得坚忍，但不是一味地忍下去，所谓的忍是要有策略和目标的，究竟应忍耐到什么程度，什么时候放弃，这是身处逆境、败中求胜的智慧。

犹太民族在经历苦难时，他们顽强地承受着，忍耐着；他们怀抱希望，等待着机会，寻找改变人生的突破口。

第七章

经商——世界的金穴

78：22 经商法则

犹太人说，被他们视为自己生活的法则的就是"78：22"法则，它是犹太人成功致富的根本。所谓"78：22"法则，严格地说，应是"78.5：21.5"，由于小数拗口，故称作"78：22"。这个比数很有哲理，它是以一个正方形的内切圆关系计算出来的。假设一个正方形面积是100，那么，它的内切圆面积则是78.5，剩下的面积即21.5。以整数计算表达，便是"78：22"。

说来也巧，空气中的气体比例中，氧气占78％，氮气占22％；而人体也是由78％的水及22％的其他物质所构成的。这个"78：22"的数据成为人类不可抗拒的宇宙自然的法则，人类不能违背这种法则而生存发展。

犹太人认为，做生意也顺应这一法则。在一个国家中，富有的人远远少于一般大众，但富人所持的货币却压倒大多数人。也就是说，一般大众所持有的货币为22％，而富人所持的货币是78％。因此，做生意若以拥有78％货币的22％的富人为主要对象必会赚钱。

在通常情况下，78％的生意是来自22％的客户，这就要求企业界认真研究和分析客户的构成，把78％的精力放在22％的主要客户上，而不能平均使用力量。

犹太人投资，同样本着"78：22"法则去经营运作。

他们认为，不赚钱的投资是不符合"78：22"法则的，因而不能生存下去。欲要赚钱，在经营中就必须懂得核算，这正如一个正方形的内切圆一样，投入的资本，起码要达到一定的利润回报率才合算，达不到这个比率就不合算甚至亏本，这样的生意就不能做。放贷赚钱法是犹太人起家的一招，他们在英国和欧洲产业革命之时，瞄准了企业发展急需资金的状况，以高利率把钱借给那些企业，得到的回报率比自己办企业赚钱还多，而风险相应减少。这也是运用"78：22"法则的一种表现。

美国企业家威廉·穆尔在为格利登公司销售油漆时，头一个月仅挣了160美元。此后，他仔细研究了犹太人经商的"二八定律"，分析了自己的销售图表，发现他的80％的收益的确来自20％的客户，但是他却对所有的客户花费了同样的时间，这就是他失败的主要原因。于是，他要求把他最不活跃的36个客户重新分派给其他销售员，而自己则把精力集中到最有希望的客户上。不久，他一个月就赚到了1000美元。穆尔学会了犹太人经商的二八分割法，连续9年使用这一法则，最终使他成为凯利—穆尔油漆公司的主席。

美国、法国等欧美国家的金融寡头多为犹太人，华尔街也基本上是犹太人的天下。18世纪末就办起中欧金融大市场的约瑟夫·门德松，因创建金融集团而拥有百亿美元资产的罗斯柴尔窃等都是犹太人。他们成功的奥秘就在于更进一步地运用了"78：22"法则。

犹太人善用资金，靠筹集钱使它增值，把其配置到最佳的位置上，这就是"78：22"法则的活用，使犹太民族在世界金融行业中处于相对优势的位置。

不拒金钱，取之有道

很久以前，犹太拉比们就已经开始教育他们的同胞，"钱不是罪恶，也不是诅咒，钱是会祝福人的""钱会给予我们向神购买礼物的机会""身体依心而生存，心则依靠钱包而生存""《圣经》发射光明，金钱散发温暖"，犹太人被鼓励不遮不掩，堂堂正正大大方方地向"钱"进军，只要形式上不逾矩，他们无所不为，在他们眼里，只要有利可图，钻石和棺材生意，绝无二样。因此，往往就在其他民族思想上拘囿不开的地方，犹太人轻易地取得垄断地位，获得高额利润。

犹太商人鲍洛奇早年在美国一个叫杜鲁茨城的最为繁华的街道替老板看摊卖水果，周围有很多的水果摊。这里车水马龙，人来人往，的确是一个经商的好地方，于是每个商人都想尽了办法，争抢顾客，竞争十分激烈。

鲍洛奇的生意不错，把其他摊位上的顾客也拉过来了，摊位前的顾客很多，忙得他不可开交。不料，却发生了一件事，差点儿使他刚刚红火起来的生意败落下去。正当鲍洛奇为自己的胜利而感到得意的时候，老板贮藏水果的冷冻厂发生了一场火灾，当消防人员赶来将大火扑灭时，16箱香蕉已被大火烤得变成了土黄色，上面出现了不少的小黑点。老板把这些香蕉交给了鲍洛奇，让他降价处理。

　　当时，普通香蕉每磅的售价是4美分，老板让鲍洛奇降价一半，以每磅2美分的价格出售，老板交代他，香蕉只要不浪费，即使价格再低一点儿也可以卖。鲍洛奇接过这些烤得黄黑的香蕉感到有说不出的苦。但老板交代他的任务不得不完成，无奈之下，鲍洛奇只好把这些变质的香蕉，摆到了摊上。

　　尽管有一肚子的闷气，鲍洛奇还是尽职尽责地大声吆喝起来，不少顾客走到他的摊前，看到这种丑陋不堪的香蕉，摇着头走开了。鲍洛奇赶忙解释："各位先生女士，你们看到的只是表面现象，虽然它们看起来很丑陋，但它们的味道很好，并且价格相当便宜，只是其他香蕉价格的一半。"不管他怎么说，顾客还是不想买这些难看的香蕉。

　　鲍洛奇见香蕉没有人买，感到很生气，坐下来把那些丑陋的香蕉检查了一遍。他掰开一只香蕉，剥开那黄中带黑的皮，然后放进嘴里。"是的，这些香蕉一点儿都没坏，相反，由于火烤的原因，这些香蕉的味道变得更好了。对了，我何不……"他在心里琢磨着，突然想到了一个不错的主意，他禁不住为此而微笑起来。

第二天一大早，鲍洛奇又开始了他的吆喝："各位女士先生，早上好！我刚进口了一些阿根廷香蕉，正宗的南美风味，数量有限，机会难得，快来买呀！"很快，鲍洛奇的摊前就围满了人。众人不停地盯着这些黄中带黑的"阿根廷香蕉"，有些犹豫，因为价格有些贵，对于买不买，还拿不定主意。

看到这么多人围到自己的摊位前，鲍洛奇兴奋极了，接着他又喊道："阿根廷香蕉，阿根廷香蕉！最新进口的。这种香蕉产在阿根廷靠海的地区，阳光充足，水分多，风味独特！我们公司好不容易批到的。"他把这些黑而丑陋的"阿根廷香蕉"吹得如何名气大，口味好，又费了很大的劲才搞到这么十几箱"最新品种"，说得天花乱坠。

当人们半信半疑的时候，鲍洛奇看见一位穿着得体的小姐，于是不失时机地问："请问您以前尝过这种'阿根廷香蕉'吗？"这位小姐在摊位前看了很长时间，鲍洛奇早已注意到她了。她的眼睛好奇地盯着这些香蕉已经很久了，看那样子确实想买，只是还没有最后拿定主意。鲍洛奇决定从她身上打开突破口。

"我以前从来没有尝过这种香蕉。这些香蕉很有意思，就是有点儿黑。"小姐说。

"这正是它们的独特之处，否则的话，它们也就不叫阿根廷香蕉了。你见过鹌鹑蛋吗？鹌鹑蛋也是带有黑点，但是鹌鹑蛋却特别好吃，不是吗？"鲍洛奇唾沫飞溅地说，"请您尝尝，您从来没有尝过这种风味如此独特的香蕉，我敢保证！"接着马上剥了一只香蕉递到小姐的手里，小姐接过吃了一口。

鲍洛奇不失时机地问："味道怎么样，是不是非常独特？"

"嗯，味道确实不错。我买 8 磅。"小姐说。

"这样美味的阿根廷香蕉只卖 10 美分一磅，已经是最便宜的啦。我们公司好不容易弄到这么一点儿货，大家难道不想尝尝吗？错过机会您想买就买不到了。"鲍洛奇大声吆喝起来。

由于那位小姐已经带头买了，而且说味道很好，再加上鲍洛奇的鼓动，大家便不再犹豫，纷纷掏出钱来，想尝尝这种"进口香蕉"的味道。于是你来 5 磅，他来 3 磅，很快，16 箱被大火烤过的香蕉竟然以高出市价一倍的价钱全卖出去了。甚至有许多慕名来买"进口香蕉"的人因没有买到而倍感遗憾。

犹太人就是这样的观念，所以他们总是不怕生意难做，即使连最小的生意也不会放弃，因此，在他们的经商历史中，他们喜欢把"钞票不问出处"这句话挂在嘴上。

赚钱不拘法，需抱平常心

犹太人对钱一直保持一种平常的心态，甚至把它看得如同一块石头、一张纸，犹太人才不会把它视若鬼神，不把它分为干净或肮脏，在他们心中钱就是钱。因此，他们孜孜以求地去获取它，失去它的时候，也不会痛不欲生。正是这种平常心，使得犹太人在惊涛骇浪的商海中驰骋自如，临乱不慌，取得了稳操胜券的结果。

赚钱有术的犹太富翁不胜枚举，以放债发迹的亚伦就是典型的一例。

亚伦移居英国后，从打工开始，就用积蓄的一点儿钱做些小生意。后来，由于他经营有方，生意越来越大，因为资金周转，他不得不向钱庄或银行借钱。他在自己的实践中发觉，向别人借钱的代价确实太高，往往与商业经营获得的利润相差无几。自己辛辛苦苦经营全为银行打工，而且风险比银行还大，还不如自己从事放债业务合算。

于是，在他有了些本钱后，就开始了放债业务。他一边维持小生意经营，一边抽出部分资本贷给急需用钱的人，另外，他又从银行贷来利率相对较低的钱，以较高的利率转贷给别人，从中赚取差额利润。有些等钱应急的生产者或个人，宁愿以月息20％借贷，这样，等于100元放贷1年，可获得240％的回报率，这比投资做买卖更能赚钱。亚伦就是盯着这个赚钱的路子，迅速走

上发迹之路的。据统计，亚伦63岁逝世时，留下的遗产在当时的英国是首屈一指的。

共产主义先驱马克思在《论犹太人问题》中写道："犹太人用自己的方式解放自己，他们解放了自己不仅因为他们掌握了金钱势力，而且因为金钱通过他们或者不通过他们成了世界势力，犹太人的实际精神就成了基督教各国人们的实际精神，犹太人的自我解放到了使基督教徒变成犹太人的程度。"

犹太人在追逐金钱，聚集财富方面的成功，使得其他民族不得不对其刮目相看，也使得其他民族不得不向犹太人学习，因为在商业社会中，人的成功标志，人的价值的实现，更多的是依靠自己在财富方面的成功。在这个意义上，犹太民族无疑是世界上最优秀，也是最"先知"的民族了。

对于赚钱，在不拘泥于形式、方式外，犹太人还抱有一颗平常心，这也正是犹太人关于财富的一种大智慧。

学识渊博才能做大生意

犹太人认为，没有知识的商人不算真正的商人，既然你不是真正的商人，我就没必要和你做生意。他们最看不起没文化的商人，犹太人绝大部分学识渊博、头脑灵敏。

正因为犹太人拥有渊博的知识，他们才具有高智商的头脑，从而才在生意中永立不败之地，成为公认的"世界第一商人"。

商人要学识渊博，这是犹太人提出的口号，同时也是他们的经商法则。学识渊博不仅可提高商人的判断力，还可以增加他的修养和风度。一个文质彬彬和一个粗俗不堪的人，分别去应酬同一宗生意，成功概率大的必然是前者。

假如是一个学识渊博的商人，他除了了解自己的商品以外，还了解自己商品所针对的顾客的心理，尽力满足他们的需要，选取合理的场所，必要时还会客气而又不失风度地与顾客周旋，取得顾客的信任和重视。顾客对你的商品开始注意，这样生意就成功了一半。但是，假如是一个见闻狭隘、学识粗浅的商人，他既不懂得怎样布置场面，营造气氛，也不知道怎样招揽顾客，更不知道怎样树立自己的信誉，衣饰粗俗，出口粗话，这样，顾客未进门也许就被吓跑了，还能赚什么钱？

一个做钻石生意的犹太人曾问他的合作伙伴："你知道大西洋底部有哪些鱼类吗？"听者乍一听问这个问题，可能都会感到莫名其妙。因为做钻石生意和大西洋底部的鱼类毫无关系，怎么问这样一个驴唇不对马嘴的问题呢？

但犹太人自有想法：一个钻石商人需要的是一个精明的头脑，对方连大西洋有哪些鱼类都了如指掌，可见对钻石的业务知识也同样相当熟悉，那么对巨细俱全的钻石种类的分析肯定也是全面、周到的，和这样的商人合作肯定能赚钱。

犹太人阿尔伯特的成功有力地证明了知识的强大力量。

阿尔伯特刚开始仅仅是一家银行的信贷业务员，他像现在美国许多年轻人一样，在工作了一段时间之后，认为自己的学识不够，产生了回大学深造的要求。

阿尔伯特经过在大学学习后，专业技能获得了极大提高，在银行业中做出了很大的成绩。不久，阿尔伯特便晋升为一家银行在纽约的总经理，随后又再次晋升为这家银行的总行经理，年纪轻轻的便成了银行的高级管理人员。

你看，阿尔伯特的成功便是他不断充实自己的专业知识，提高自己的业务能力的结果。

犹太人既注重学校的正规教育，又注重自教自学。众所周知，学校的教育是获取基础知识的场所，很多专业知识及实际操作技术要通过实践或专业学习才能得到。另外，由于各人情况和条件不同，受到正规教育的情况也不尽相同。因此，犹太人很强调具有自己独立获取知识的技能，从中指导自己的工作实践。

所以，犹太人把知识视为财富，认为"知识可以不被抢夺且可以随身带走，知识就是力量"，所以他们十分重视教育。犹太人有个说法，人生有三大义务，第一义务就是教育子女。他们教育子女，目的在于让后代能在竞争的社会中求得生存和发展，壮大自己和民族的力量。

犹太民族在这种文化舆论的熏陶下，对教育和学习的重视就蔚然成风，形成了一种几乎全民学习、全民都有文化的传统。尽管早期的犹太民族的学习主要以神学研究为取向，涉及的知识面十分狭窄，但后来随着犹太民族受迫害流散于世界各地，他们的学习很快扩展到吸纳世界各国的文明成果了。更值得一提的是，他们的勤学苦研的传统从未中断，这使犹太人特别是犹太中青年在调节其心理，增强民族凝聚力和激发求生存谋发展的创造力上，具有了更大的能量。正是这种传统的继承，使犹太人不管流散到哪里，其民族的文化整体素质都比较高。

一笔生意，两头赢利

一笔生意，两头赢利，能不能策划得如此完美，就要看你的经商智慧了。其实，这是犹太人的一种双赢策略思想。大多数犹太商人进行商务往来，能够通过巧妙调整而实现双赢。

莱曼兄弟的故事对双赢这一技巧有很好的说明。

莱曼兄弟公司，是一家历经150年的美国犹太老字号银行，20世纪70年代末期，它一年的利润数额高达3500万美元，而它的创业经历更具有传奇色彩。

1844年，德国维尔茨堡的一个名叫亨利·莱曼的人移居美国，他在南方居住了一段时间，就和自己的两个弟弟——伊曼纽尔和麦耶一起定居在亚拉巴马，开始做起杂货生意。

亚拉巴马是美国一个产棉区，农民手里只有棉花，所以，莱曼兄弟积极鼓励农民以棉花代替货币来交换日用杂货。这样做是不是与犹太商人一贯的"现金第一"的经营原则不符合呢？原来莱曼兄弟的账算得很清楚，他们认为：以商品和棉花相交换的买卖方式，不但能吸引那些一时没有现钱的顾客，而且能扩大销售量；同时在以物换物并处于主动地位的情况下，能操纵棉花的交易价格；经营日用杂货本来需要进货运输，现在乘空车进货之机，顺路把棉花捎去，还能节省一笔较大的运输费。这种经营方式可称作"一笔生意，两头赢利"，买卖双方都有得赚，何乐而不为？

在商业经营活动中，犹太人对理性算计特别感兴趣，即合理追求效率或者叫作投入产出比。通俗一点的说就是同样的投入能有多大的回报。犹太人在其经营活动中不仅追求一个高产出，而且追求一次或一项投入可以有多次或多项产出。

例如美术商贾尼斯在对待顾客方面，特别注意招徕潜在顾客的买主，特别是那些公关学校或大学中的女孩子，因为这些女孩子即将步入社会，一旦培养出她们对现代美术的兴趣，那么不仅她们会经常光顾，将来她们还会偕同自己的丈夫来购买美术品。

在买卖中把握双赢的技巧，这不仅是莱曼兄弟的经商手段，也是大多数犹太商人采用的手段，从而使得他们的生意越做越大。犹太人这种"一笔生意，两头赢利"的赢钱之道是符合现代经商原则的。根据这一原则犹太人认为：

第一，过去公司为了赚钱，总想独霸市场，一心想着挤垮同行。他们在处理与同行的关系上，多是互相诋毁，互相攻击，互相欺骗。不仅信奉"同行是冤家"，而且坚持"三十六行，行行相妒"。如今，现代社会的企业，提倡竞争，鼓励竞争，但竞争的目的是为了相互推动，相互促进，共同提高，一起发展。

第二，两军相争，你死我活，非胜即败。在市场竞争中，谁都想胜不想败。说市场竞争的各公司是"敌手"，因为他们在彼此竞争中带有以下性质：一是保密性。竞争者在一定阶段一定情况下，都有一定的保密性。二是侦探性。竞争者几乎都在彼此刺探情报，以制定战胜对方的策略。三是获胜性。竞争诸方无一不想胜利，都想获取一定利润，让自己的产品占领市场。四是克"敌"性。假若市场不能容纳下全部竞争者时，任何企业都想保存自己而"灭掉"对方。即使市场能容纳下全部竞争者时，他们

也还是想以强"敌"弱。

第三，虽然竞争公司间有点儿像战场上的"敌手"，但就其本质来说是不一样的。这是因为公司经营的根本目标是为社会做贡献，公司的产品是满足社会需要的，公司赚的钱也被国家、公司和员工三者所用，公司间的竞争手段必须是正当合法的，在这种意义上讲，公司之间完全可以相互帮助、支持和谅解，应该是朋友。

第四，市场竞争是激烈的，同行业的公司之间的竞争更为激烈。竞争对手在市场上是相通的，不应有冤家路窄之感，而应友善相处，豁然大度。这好比两位武德很高的拳师比武，一方面要分出高低胜负，另一方面又要互相学习和关心，胜者不骄，败者不馁，相互间切磋技艺，共同提高。

第五，在市场竞争中，对手之间为了自己的生存发展，竭尽全力与对手竞争是正常的现象。但是，在竞争中一定要运用正当手段，也就是说，只能通过质量、价格、促销等方式进行正大光明的"擂台比武"，一决雄雌，切不可用鱼目混珠、造谣中伤、暗箭伤人等不正当手段损伤对手。

第六，天高任鸟飞，海阔凭鱼跃。市场的广阔与多元性，使得一个有灵敏头脑的老板，不必为自己受挤而妒火中烧，而应果断地避开众人，不畏踏上冷僻的羊肠小道，一样能够到达光辉的顶点。

现代社会，市场形势瞬息万变，可能对甲企业有利，眨眼间又能变得对乙企业有利。所以，老板应"风物长宜放眼量"，不应当以一时胜负来论英雄，更不可以一时失利而迁怒于竞争对手。

同吃一块蛋糕的赢钱术是犹太人睿智的表现，在实际的商业竞争中，具有很强的操作性。

头脑中要有强烈的赚钱富裕意识

犹太人眼里的价值观标准就是金钱。犹太人认为，金钱成就崇尚它的人。只有你喜欢金钱，欣赏金钱的作用，你才会想尽办法赚钱，而不会把它乱花掉。

只要有钱在流通，就天然地需要犹太人这样的"媒介"。犹太人就可以在人类生活中占有不可替代的位置，这时候犹太人是不能被灭绝的。

犹太人这种独特的价值观，激发了他们对金钱的执着的信念。犹太人认为有钱是一件很好的事情，但他们绝不轻易浪费每一分钱，认为奢侈是一种相当愚蠢的行为。犹太人的观点是：每个人的生命，原理原则上是指向更富裕的生活，应该过着幸福及更富足、更成功的生活才对，而贫穷违反了生命本来的欲求。可是过去有许多宗教和哲学都赞美贫穷是一种美德，事实上这种看法，只是在特殊的情况下才产生的。说起来这种想法，其实是一种自我安慰罢了！现在的你，如果还受到违反生命原理的时代所建立的价值观影响，是极为不合理的事。你别忘了，每一个人都拥有富裕权利，这才是生命原理，而贫穷等于是生命原理的作用不足，是一种不该有的现象。

犹太人认为，富裕、充足，天下众生都应有份儿。假使你坚决地要求着，不断地奋斗着去取得这富裕、充足，总有一天你会认识这条规则——人人都能成为百万富翁！

犹太人最喜爱的一句话就是耶稣所说："你要，你就会得到。"对于一个想致富的人来说，比能力和知识更重要的是保持富裕意识。富裕意识是一种永远有大量的金钱足够分配的意识。那些真正生活富足的人们从不担心拥有过多——他们知道创造财富和富裕是他们自己思想倾向的一个功能。

你应将注意力放在扩展上。如果你保持富裕意识，金钱将从无数的途径涌向你。你将去创造使金钱向你的方向流动的方法，你的触角将在搜寻新的、激动人心的机遇，你的思想将开放着拥抱它们。

关于富裕意识的最重要的一点，不是当你变得"富裕"时你才突然产生富裕意识，那是另一回事。一旦你拥有了你的富裕意识，真正的富裕就离你不远了。

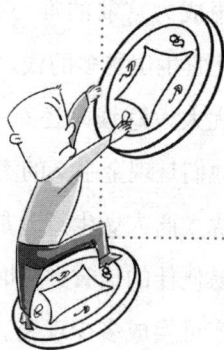

／第八章

赚钱——商人的天职

推崇现金主义，用钱去赚钱

金钱容易引发意外，任何人对待金钱都要谨慎。犹太人认为，想成为富翁的唯一办法就是用钱去赚钱，用好自己手中的钱，让它生出更多的钱。

犹太人赚钱时还有一个比较特别的地方，就是遵守现金主义，他们是现金主义的实践者。

犹太商人做生意，是以现金为标准的，不愿意赊账。他们在对贸易伙伴的信誉评估时，首先考虑的是他的公司值多少钱，他的财产可换成多少现金。然后在此基础上与其做生意或确定价格条款。他们认为，世事多变，风雨无常，一旦发生天灾人祸，除了现金钞票外，别无他物可以让人立即东山再起。犹太人注重现金主义，可能与他们长期遭受迫害和排挤有关。在许多国家他们都多次遭受排挤，每次排犹活动都遭到财产没收，能逃生者都是因为有现金在手。这种历史教训使他们形成了现金的观念。

对这一点，无论犹太商人自己，还是其他民族的商人都有觉察。我们先看一则关于犹太商人迷恋现金的笑话：

有一位犹太富人，病危临终之际，立下遗嘱：

"请将我的财产全部兑换成现金，用这些钱买一张高级的毛毯和床，然后把余下的钱放在我的枕头里面，等我死后再将它们一同放进我的坟墓，我要带这些钱到天国去。"

富人死后，亲人依遗嘱准备将死者所有财产换得的现金一同埋进他的坟墓，这时，他的一个朋友觉得这样太可惜，就灵机一动，飞快地掏出支票和笔，签下了同等的金额，撕下支票，放入棺材。他轻轻地对死者说："伙计，金额与现金相同，你会满意的。"

这则笑话说明了犹太人对现金的偏爱。

我们知道，自从罗马帝国沦亡以来，犹太人便开始受到驱逐，过着四处流浪的生活。政治风云变化莫测，当地对犹太人政策完全随其主观意识变动，这种不安定的生活，使犹太人为了免遭杀戮和迫害的命运而随时都做好迁徙的准备。动荡的生活和社会环境，决定了犹太人在财产选择上的与众不同。他们通常是持有现金，或把钱换成黄金及钻石，固定财产少之又少。因为土地、建筑物等固定财产是无法携带的，一旦时局紧张就得弃之而走，这对爱财的犹太人来说是非常巨大的损失。聪明的犹太人不会去购买土地营建奢侈豪华的别墅，尤其在兵荒马乱的年代。一看政治风向不对，他们立刻卷起家产而逃，能随身携带的财产是他们逃难时的生活依靠，有了它们，无论遇上什么天灾人祸他们都不会担心。现金是他们生活的保障和依靠，犹太人对现金的偏爱程度是无以复加的。

事实上，在当今的贸易活动中，现金仍是十分重要的，瞬息万变的市场，风险潜伏在各种买卖活动中，如果忽视了现金主义，往往会导致血本无归。

所以，犹太商人的现金主义观念是很有道理的。

彻底采取现金主义，是犹太人的商法之一。他们只信任自己和现金，他们认为，唯有现金才能保障他们的生命及生活，以对抗天灾地变以及人祸。

犹太人的这一保守的观念，决定他们的商品交易力求是现金交易。纵然交易的对方，在一年后确能变成亿万富翁，亦难保证他明天不发生异变。在缤纷复杂的世界里，有谁能知道明天会是怎样的？我们人、社会及自然，每天都在变，只有现金是不变的，这是犹太人的信条，也是犹太教的"神意"。

正因为如此，犹太人对银行存款不感兴趣，银行存款虽然有利息，但利息是微乎其微的，而且利息的增长幅度还不如物价上涨速度快呢，现金虽然没有利息，但因没有银行存款之类的证据，也不需要交纳财产继承税，所以，现金虽然不增加，但也不减少，对于犹太人来说，不减少就是不亏本的最起码条件。

攒钱成不了富翁，要学会赚钱

《塔木德》说：上帝把钱作为礼物送给我们，目的在于让我们购买这世间的快乐，而不是让我们攒起来还给他。

商业是不断增值的过程，所以可以让钱不停地多起来，应该把整个世界的钱为自己所用。犹太人的经营原则是：没有钱或钱不够的时候就借，等你有钱了就还，不敢借钱是永远不会发财的。世界上为什么会有穷人和富人之分？很简单，他们最大的差别就是个人的思维方式不同。穷人之所以穷，是因为他们把自己辛苦赚来的钱都攒起来，让"活钱"变成"死钱"，理所当然，"死钱"是不会自己增值的；而富人之所以富有，就因为他们把自己赚的钱活用，他们从不攒钱，而是把钱继续投入到赚钱的行业，用所赚的钱去赚更多的钱。

所以攒钱是成不了富翁的，只有赚钱才能赚成富翁，这是一个再普通不过的道理。并不是说攒钱是错误的，关键的问题是一味地攒钱，花钱的时候，就会极其的吝啬，这会让你获得贫穷的思想，让你永远也没有发财的机会。

一个人所具有的思维和感觉决定了他将来是否可以拥有财富。富有的思维创造财富，表现出富人的慷慨和大度；而思维的贫穷造成真正的贫穷，体会到的是穷人的卑微和小气。

人太穷了，就会整天为生存而奔忙和劳碌，他所想到的就是简单的生存，长此以往，便没有了时间去想任何其他的事情，他的头脑里就没有了对更多财富的渴望，也就失去了成为富人的条件。

犹太巨富比尔·萨尔诺夫小时候生活在纽约的贫民窟里，他有六个兄弟姐妹，全家仅靠作为小职员的父亲的微薄收入度日，生活极为紧张，他们只有把钱省了又省，才可以勉强生活。在他15岁那年，父亲把他叫到身边，对他说："小比尔，你已经长大了，要自己养活自己了。"小比尔点点头，父亲继续说："我攒了一辈子也没有给你们攒下什么，我希望你能去经商，这样我们才有希望改变我们贫穷的命运，这也是我们犹太人的传统。"

比尔听了父亲的忠告，开始从事经商。三年之后，他就改变了全家的贫穷状况，五年之后，他们全家搬离了那个社区，七年之后，他们竟然在寸土寸金的纽约买下了一套房子。

犹太人世代都在经商，经商成为他们改变人生的首选，因为他们知道只有经商才能赚取很多的利润，才能彻底改变自己贫穷的命运。一代代犹太人从事经商，赚取了让世人瞠目的财富。赚钱是一个智慧的思维，想要成为一个富人，不但要有能够巧妙赚钱的智

慧，更要有与之相应的行动。只有这样，才能跻身富人的行列。

"大手大脚地花钱，过舒适的生活，始终记住不要按你的收入过日子，这样能使一个人变得自信。"好莱坞巨头之一的刘易斯·塞尔兹尼就这样教育他的儿子大卫。大卫后来成为电影《飘》的制片人，这句话后来成为风行好莱坞的经营原则。只有使劲地赚钱，使劲地花钱，这才是富人的做法。

巴菲特是当今世界和人类历史上最伟大的股市投资者，1956年他以100美元起家，迄今为止其个人资产已超过160亿美元，被誉为世界头号股王。

在美国《纽约时报》评出的全球10大顶尖基金经理人中，巴菲特名列榜首；在《财富杂志》评出的"世纪八大投资高手"中，巴菲特同样位列第一。如此的"第一""唯一"不胜枚举，他是资产超过10亿美元的富翁中唯一从股票市场发家致富的，他一手创立并担任公司主席兼行政总裁的贝克夏·哈斯维公司是1996年美国最具盛名的10家公司之一，也是金融业唯一进入前10名的公司。

巴菲特是证券经纪人之子，从小就生财有道。一名友人说，巴菲特5岁时就在奥马哈老家门前的人行道上摆摊子向路过的人卖口香糖。后来又从清静的自家门前转移到行人较多的朋友家前面，售卖柠檬水。朋友说，他想的不只是赚零用钱，而是要致富，念小学的时候，他就宣布要在35岁之前成为富翁。

他曾在当地高尔夫球场上搜集到可以卖二手的高尔夫球。他曾跟朋友一起到奥马哈赛马场，在地上找人家无意中随手丢掉的中奖票根；他在祖父的杂货店批购汽水，夏夜里挨家逐户地推销。青少年时他送报纸，每天早上送将近500份，每月收入175美元（许多全职工作的成人也不过赚这么多），又原封不动地把每个月的薪水存起来。他经常埋首苦读《赚取1000美元的1000种方法》，这是他最爱读的书。

他迷的是股票，正如别的孩子迷飞机模型。他把股价制成图表，观察涨落趋势。他11岁时首次买股票，买了3股，每股38美元的"城市服务"优先股，升到40美元时脱手，扣除手续费后，净赚5美元——这是他首次在股市的收获。他14岁时，用1200美元积蓄买了16平方米农地，租给一名佃农。21岁时，巴菲特从各项投资中攒了9800美元，他日后赚进的每一块钱，几乎都源自这笔资金。

财富的真正主人永远都是那些从大处着眼、小处着手的人，他们不会放弃任何的赚钱机会，并不停地将赚来的钱投入市场，让这些钱持续地滚动，直到滚成一个"大雪球"。

不论古今，金钱在社会上的作用是绝不可以低估的。如果没有金钱，就很少有人会器重你，你也处于一种孤立的边缘地带，处于社会的弱者地位。犹太人这样说："富亲戚是近亲戚，穷亲戚是远亲戚。"犹太人的历史一再地验证了这个事实，他们没有金钱的时候，就处于社会的底层，人们都看不起他们，说他们是"犹太鬼"，他们走到哪里都会受到凌辱和压迫。而等到他们有了钱，可以和贵族平起平坐，让人们对他们仰慕，但更多的是妒忌。

在经历千年的流离失所和磨难之后，犹太人终于认识到了：一个人特别是犹太人要想很好地在社会上生活，要获得尊严和尊敬就必须要有钱。没有钱的人注定是可怜的人，没有钱的人必定会成为社会的弃儿。

风险越大，获益越多

《塔木德》中说道："当机会来临时，不敢冒险的人永远是平庸之辈。"

成功与失败均是不可预见的，去做就意味着冒险。而在失败与成功都不可把握时，就更意味着风险很大。高风险，意味着高报酬，只有敢于冒险的人，才会赢得人生；而且，那种面临风险，审慎前进的人生体验，也让我们练就了过人的胆识，这更是一种宝贵的财富。

犹太人历来以冒险家闻名于世。风险是客观存在的，做任何事情都有成功与失败的可能。严格来讲，促成一件事情成功的因素太多太复杂了，人的脑袋根本无法掌握那些大量的"未知的变量"，而只能掌控其中一小部分。做任何事情都有风险，不同的只是大小而已。

19世纪80年代，关于是否购买利马油田的问题，洛克菲勒和股东们发生了严重的分歧。利马油田是当时新发现的油田，地处俄亥俄州西北与印第安纳东部交界的地方。

那里的原油有很高的含硫量，经化学反应后变成硫化氢，它发出一种鸡蛋坏掉后的难闻气味，所以人们都称它为"酸油"。

当时，没有炼油公司愿意买这种低品质原油，除了洛克菲勒。洛克菲勒在提出买下油田的建议时，几乎遭到了公司执行委员会所有委员的反对，也包括他最信任的几个得力助手。

因为这种原油的质量太差了，虽然油量很大，价格也最低，但谁也不知道该用什么方法进行提炼。但洛克菲勒坚信一定能找到除去硫的办法。在大家互不相让的时候，洛克菲勒威胁股东，宣称自己将冒险去进行这项计划，并不惜一切代价，谁都不能阻挡他。

委员会在洛克菲勒的强硬态度下被迫让步，最后标准石油公司以800万美元的低价买下了利马油田，这是公司第一次购买原油的油田。

此后，洛克菲勒花了20万美元聘请了一名犹太化学家，让他前往油田进行研究，实验进行了两年，仍然没有成功，此间，许多委员对此事仍耿耿于怀，但在洛克菲勒的坚持下，这项希望渺茫的工程仍未被放弃。然而，几年后，犹太科学家终于成功了，并创造出了丰厚的收益。

这一丰功伟绩，充分说明了洛克菲勒具有穿透迷雾的远见，也具有比一般大亨更强的冒险精神。

冒险与危机具有较深层的关联。把危机拆开了讲便是危险和机遇。人的机遇与成功往往都存在于危险之中。

不要让赚钱成为一种负担

要想赚钱，就绝对不能给自己增加心理负担，而应该十分从容地、冷静地对待。对金钱不感兴趣，自然赚不到钱。倘若把金钱看得太重，也就给自己背负了沉重的包袱，这时，你必须要彻底地忘掉钱这回事，千万不要再把它当作是一种沉重的负担才好。

犹太人只把金钱当作是一种很好玩的物品，它刺激着每一个人的神经去高度地投入它，人们投入资金时，就是投入了一次次危险且有趣的游戏，当这个游戏胜利的时候，也就是赚到钱的时候。

犹太人这样形容，在赚钱的时候你就像进入了一个游戏的世界，作为游戏的参与者，你要不停地和对手进行较量和角逐，你要采用一切办法和手段来胜过其他的人，你要超越所有的人才可以赢得最后的胜利。

著名的金融家摩根就是这样的赚钱观念，即决不让赚钱变成一种沉重的负担，而把它当作一种新鲜刺激的游戏，他认为只有以这样的心态去赚取金钱，才是良好的赚钱心态。

摩根赚钱甚至达到痴迷的程度，他一直有一个习惯，就是每当黄昏的时候，就到小报摊上买一份载有股市收盘的当地晚报回家阅读，当他的朋友都在忙着怎样娱乐的时候，他则在忙着研究怎么赚钱。

在谈到投资的时候，他总是说："玩扑克的时候，你应当认真观察每一位玩者，你会看出一位冤大头，如果看不出，那这个冤大头就是你。"

他从来不乱花钱去做自己不喜欢的事，他总是琢磨赚钱的办法。有的同事开玩笑说："你已经是百万富翁了，感觉滋味如何？"摩根的回答让人回味："凡是我想要的东西而又可以用钱买到的时候，我都能买到，至于其他人所梦想的东西，比如名车、名画、豪宅我都不为所动，因为我不想得到。"

他并不是一个为金钱而生活的人，他甚至不需要金钱来装饰他的生活，他喜欢的仅仅是游戏的感觉，那种一次次投入资金，又一次次地通过自己的智慧把钱赚回来的感觉，充满了风险和艰辛，也充满了刺激，他喜欢的就是刺激。

摩根说："金钱对我来说并不重要，而赚钱的过程，即不断地接受挑战才是乐趣，不是要钱，而是赚钱，看着钱生钱才是有意义的。"

赚钱是为了更好地享受生活

犹太人的节俭精神与他们享受生活并不矛盾。在犹太人看来，为了赚取更多的利润，就必须节约不必要的支出。

《塔木德》里说："当富人不敢花钱的时候，他就等于是个贫穷的人。"

　　如果自己有了钱，却守着它们不用，把它们紧紧地抠在自己的口袋，是最愚蠢的。犹太人认为，即使是追求神圣的精神生活，也不应该让自己贫困。信仰上帝和追求享受是可以相提并论的，他们认为自己追求精神的崇高，也应该追求世俗生活的幸福，一味追求物质的富有，当然不是一种好现象，然而一味追求精神生活，而忽略物质上的舒适也是不可取的。

　　因此，犹太人对生活的品味要求很高，他们喜欢豪华居所和精美食物以及高贵名车，认为这样才算是懂得享受人生。

　　一次，美国商人约翰·巴布森到以色列参加一项商务谈判，到达的那天刚好是礼拜六。巴布森在美国备受交通堵塞之苦，因而对这里街上汽车稀少、交通畅通无阻感到很奇怪。

　　他问犹太人谢维利："你们这里的汽车这么少吗？"

　　"你有所不知，"谢维利解释道，"犹太人从每个礼拜五晚上到礼拜六的傍晚，都禁烟、禁酒和禁欲，一切杂念皆无，用来休息和向神祈祷，人们大都待在家里，所以街上来往的汽车自然比平日少了许多。从礼拜六晚上起，才是犹太人真正

的周末，是人们尽情享受的时候。"

"你们犹太人真会享受。"巴布森羡慕地说。

"因为只有健康的身体，才能享受快乐的人生。"谢维利得意地说。

健康的确是一个人最大的本钱。要想拥有健康的身体必须吃好、睡好、玩好。犹太人虽然常年浪迹天涯，遭人歧视和迫害，但并没有因此而灭亡，这与他们注重养生是分不开的。

犹太人认为，忙碌似乎是一种努力工作的精神，其实并不如此，忙碌并不值得称道。为此，犹太人可以在工作时拼命地赚钱，但在闲暇时间则是非常注重自己享受的。

犹太人有许多假日，遍布世界各地的犹太人也把度假当成是自己生活的一部分。在度假时，犹太人不谈论有关工作的事，不考虑有关工作的问题，不阅读有关工作的书报，而是全身心地娱乐和放松。在犹太人心中，赚钱固然重要，但如果一个人只知道赚钱和工作，而不知道休息的话，那他就会失去快乐。因此在度假期间，人们应该真正脱离所有的工作羁绊。

在犹太人的心中，完全释放的日子，才是真正的假日。如果一个人把工作带回家来做，他是很不幸的，因为他无形当中牺牲了陪家人和休息的时间。赚钱是为了享受，这是犹太人赚钱的目的，也是他们对于经商目的的最好诠释。因此，犹太民族在经商时劳逸有度，使工作与生活两不误，真正体会到了人生的真谛。

第九章

理财——精明的观念

学会理财，放心未来

《塔木德》曾说：赚钱不难，花钱不易。对于犹太人来说，赚钱和花钱只是同一规律的正反运用而已。犹太商经也指出，积攒财富并不是件难事。许多人之所以做不到，是因为他们理财基础不健全，还未理解犹太人经商的精髓所致。

犹太商人在研究了社会最成功人士的致富之道后，发现了理财的五个基本法则，每个法则都是得知怎样创造财富的法宝。这些法宝能使你所拥有的价值至少增加到 10 ~ 15 倍，能够很容易增加你的收入。

理财的第一个法则是想如何理财，也就是要有理财的意识。比如：我如何能在这家公司里更有价值？我如何在更短时间内创造出更多的价值？有什么方法可以降低成本并提升品质？我能否想出新的系统或制度？有什么新的技术可使公司竞争力提升？

理财的第二个法则是怎样维持财富，唯一的方法便是支出不要超过收入，同时多方投资。

理财的第三个法则是要增加你的财富。你要想加快致富的速度，是你把过去赚得的利润再投资。要做到这一点，就是支出不要超过收入，并且多方投资，把赚得的钱再拿出投资，以求得"利滚利"，这样所赚得的钱往往能以倍数增长。

理财的第四个法则是保护你的财富。处在今天这个诉讼满天的社会里，许多人在有钱之后反而失去安全感，甚至比没有钱时更没安全感，因为他们知道现在比任何时刻都有可能被别人控诉。然而别担心，只要目前没有什么官司缠身，就有合法渠道保护你的财产。你是否把保护财产列入考虑范围呢？若是你目前还没有考虑，就应该跟专家多商量多学习，如同你人生中其他的学习一样。

理财的第五个法则是懂得享受财富。当你致富之后，不要舍不得去享受快乐，大部分人只知道拼命赚钱，等攒到一定的财富时才去享受，不过除非你能够把提升价值、赚取财富跟快乐串在一起，否则就无法长久这么做下去。因此有时候，你得给自己一个奖励。

对于犹太人来说，未来是难以预料的，反犹迫害不知何时会发生，只有金钱才能给他们提供保护，所以学会理财是每个犹太人的必修课。

赚钱不难，用钱不易

由于犹太人的社会背景和所处的生活环境，使得他们对金钱形成了许多独特的看法：

"赚钱不难，用钱不易。"

"金钱可能是不慈悲的主人，但绝对是能干的奴仆。"

"金钱虽非尽善尽美，但也不致使事物腐败。"

"并不一定穷人什么都对，富人什么都不对。"

"金钱对人所做的和衣服对人所做的相同。"

"赞美富有的人，并不是赞美人，而是赞美钱。"

从这些犹太格言中不难看出犹太人的金钱观，他们把金钱视为工具。也许这也是世人认为"犹太人是吝啬鬼"的依据，但他们不管别人怎么评论与误解，仍一如既往地埋头赚钱。

对金钱除了爱之外，还要惜，也就是说，除了想发财外，还要想办法保护已有的钱财。

犹太人这些很有哲理的金钱观念是他们经营致富的奥秘。

据说洛克菲勒曾有过这样一件趣闻：

洛克菲勒刚开始步入商界之时，经营步履维艰，他朝思暮想发财，但苦于无方。有一天晚上，他从报纸上看到一则出售发财秘诀的广告，高兴之极。第二天急急忙忙到书店去买了一本，当他迫不及待地把买来的书打开一看，只见书内仅印有"勤俭"两字，使他大为失望和生气。

洛克菲勒回家后，夜不成眠。他反复考虑该"秘诀"的"秘"在哪里？起初，他认为一本书只有这么简单的两个字，可能是书商和作者在欺骗读者，而且他一度曾想指控他们。但经过千思万虑，他越想越觉得此书言之有理。确实，要致富发财，除了勤俭以外，别无其他方法。于是他加倍努力工作，千方百计增加收入。这样坚持了 5 年，积存下 800 美元，然后将这笔钱用于经营煤油，终至成为美国屈指可数的大富豪。

犹太人爱惜钱财的原理与勤俭相仿，他们既千方百计努力赚钱，同时也想尽各种办法节省不必要的开支，这也是他们的生意获得赢利的秘密之一。

努力挣钱是开源的行动，设法省俭是节流的反映。巨大的财富需要努力才能追求得到，同时也需要杜绝漏洞才能积聚。犹太人很会算账，他们计算过，如果每人每天储蓄 1 美元，依照标准利率计算的话，坚持 10 年或 20 年，就很容易达到 100 万美元。因为这种有耐性的积蓄，很快就会得到利用，由此便会得到许多赚钱的机会，将积蓄的钱持续发挥其生钱的作用。

精于计算，锱铢必究

模棱两可，马马虎虎，在犹太人经商的字典里是永远都找不到的。特别在商定有关价钱时，他们非常仔细，对于利润的一分一厘，他们计算得极其清楚。

一个旅行者的汽车在一个偏僻的小村庄抛了锚，他自己修不好，村民建议旅行者找村里的白铁匠看看。白铁匠是个犹太人，他打开发动机盖，朝里看一眼，用小榔头朝发动机敲了一下——

汽车开动了！

"共20元。"白铁匠不动声色地说。

"这么贵。"旅行者惊讶至极。

"敲一下，一元，知道敲到哪儿，19元，合计20元。"

犹太人的精明由此可见一斑。只要他们认为该赚钱的地方他们一定会脸不红心不跳、不卑不亢地赚它回来。在长期的商场磨炼中，犹太人练就了闪电般迅速的心算能力。

某导游引导某犹太人参观一个电晶体收音机工厂，该犹太人目睹女工作业片刻后问道："她们每小时的工资是多少？"

导游一边盘算着一边说：

"女工们平均薪水为25000元，每月工作日为25天，一天1000元，每天工作8小时，那么1000用8除，每小时125元，

换算成美元是等于……"

导游花了三四分钟才算出答案，而那位犹太人，听到月工薪25000 元后立即就说出"那么每小时 35 美金"。待工厂的一位负责人说出答案，他早已从女工人数与生产能力及原料等，算出生产每部电晶体收音机自己能赚多少钱。

犹太人因为心算快，所以他们经常能做出迅速的判断，这使他们在谈判中镇定自如，步步紧逼，直至大获全胜，在商场上游刃有余、坦然从容。

对于犹太人来说，精于计算，是为了锱铢必究。他们不像大多数东方人一样，羞于"斤斤计较"。他们认为，该攫取的利润绝不应放手。他们既能计较得清，又能迅速地计算出结果。把两者结合起来，是犹太人的聪明之处，也是他们善于做生意的诀窍之一。

让储蓄变成一种习惯

犹太人历经四千年而得以生存的秘密是他们对于事实不采取否定的态度，而是用肯定的、建设性的态度解决问题。犹太人能作为成功实业家的原因之一就是：从现实中发觉隐藏的需要，并对此投入自己全部的精力来取得成功。

不过在开支上，犹太人注重预算，要根据预算是 90％ 支出、

10％储蓄的原则，慎重使用收入进行必要的支出及购买必需的物品，所以要把不必要的东西全部删除，因为它是无穷欲望的一部分，不可容纳。切记不要动用储蓄的10％的收入，因为那是致富的本源。保持对支出的预算，并及时对预算进行调整，调整预算能帮自己保住已经赚得的金钱。

在犹太商人看来，每天给自己算账，打"算盘"是经商中的一件重要事情，这样可以避免财政赤字。

犹太商人想出以下这些想法，可以帮助你完成你自己的家庭预算计划：

一、记录每一项开销，使你对于支出情形有个清楚的了解，除非人们知道错在哪里，否则人们就无法改进任何情况。如果不知道在何处删减，为什么要删减，以及删减什么，节约就是毫无意义的事。所以，人们应该在一段示范期间，记录下所有的家庭开销——记录三个月看看。

亚尔诺德·白尼特和约翰·D·洛克菲勒都是无可救药的记账专家。我们也一样。虽然我们是以开支票的方式付款，但仍然喜欢按月把我们的花费记录成一张整齐的单子。每年一次，我们把这些每月花费加起来。就能很精确地告诉自己，在什么时候哪些方面花了多少钱，包括燃料费、水电费、娱乐费等。我们还可以使用这些记录，查出我们家庭的生活费增加的情况。一旦你知道你的钱花到哪里去以后，就不必再做这种记录了。

二、根据家庭的特殊需要，设计出自己的预算。首先，把你这一年里固定的开销列出来：房租、食物预算、利息、水电费、保险金。然后计划你其他的必要开销：衣服、医药费、教育费、交通费、交际费等。每个人都知道，这是件不容易的事情。拟定计划需要决心、家庭合作，有时候还需要严谨的自制力。

三、至少要把每年收入的10％储蓄起来，也就是说至少要把1/10的收入储蓄起来，或拿去投资。也许你还可以想办法建立一笔额外资金，拿来做特殊用途，譬如买房子或汽车。

财务专家说过，如果你能节省你丈夫收入的1/10，虽然物价高昂，不到几年你也就可以获得经济上的舒适。

四、准备一笔意外或紧急用途的资金，大部分的预算专家都劝告每一个年轻家庭，至少要存下一至三个月的收入，用于紧急事件。但是，这些专家警告说，想要存太多钱的人，会发觉很难办到，结果根本就存不了钱。与其要断断续续地隔几周才一次存5元，倒不如每周固定地存下2.5元，效果会更好。

五、使预算计划成为全家人的事。预算顾问相信，预算计划必须得到全家人的合作。经常举行家庭预算讨论会，往往可以减少情绪上的不和，因为我们大家对于金钱的态度，都会受到自己的经验、气质与教育程度的影响。

六、考虑人寿保险的问题。玛莉昂·艾巴利是人寿保险协会妇女部的主任。对全国的女士来说，她所说的话就是人寿保险专家的看法，具有独特的权威性。当我访问艾巴利女士的时候，她建议当妻子的人应该自问以下这些问题：你可知道，经过人寿保险，你的家庭能够得到什么基本需要？你可知道，一次付款和分期付款有何不同还是各有各的好处？你可知道，关于付款的方法有许多不同的选择？你可知道，现代人寿保险具有双重目的？如果一个男人太早去世了，人寿保险就可以保护这个人的家庭；如果他活着要享受余年，人寿保险就可以供给他独立的基金。

最高明的理财是选择时机投资

很多年轻人认为理财是中年人或有钱人的事，到了老年再理财还不迟。其实，理财致富与金钱的多寡关联性很小，而理财与时间长短之关联性却相当大。人到了中年面临退休，手中有点儿闲钱，才想到要为自己退休后的经济来源做准备，此时为时已晚。原因是，时间不够长无法让小钱变大钱，因为那至少需要二三十年以上的时间。十年的时间仍无法使小钱变大钱，可见理财只经过十年的时间是不够的，要有更长的时间，才有显著的效果。既然知道投资理财致富，需要经过漫长的时间，那么我们应该知道，除了充实投资知识与技能外，更重要的就是需要即时的理财行动。理财行动越早开始越好，并培养持之以恒、长期等待的耐心。

今天导致我们理财失败的原因，是不知如何运用资金去达到以钱赚钱、以投资致富的目的，这是我们教育上的缺失。我们的学校教育花大量的时间教给学生谋生技能，以便将来能够赚钱，但是从不教导学生在赚钱之后如何管钱。大学生练习理财的途径是投资股票，往往被校方视为是投机、贪婪之道。面对未来财务主导的时代，缺乏以钱赚钱的正确理财知识，不但侵蚀人们致富的梦想，而且对企业的财务运作与国家的经济繁荣也有损害。

不要再以未来价格走势不明确为借口而延后你的理财计划，又有谁能事前知道房地产与股票何时开始上涨呢？每次价格巨幅上涨，人们事后总是悔不当初。价格开始起涨前，没有任何征兆，也没有人会敲锣打鼓来通知你。对于这种短期无法预测，长期具有高预期报酬率的投资，最安全的投资策略是：先投资再等待机会，而不是等待机会再投资。

人人都说投资理财不容易，必须懂得掌握时机，还要具备财务知识，总之要万事俱全才能开始投资理财，这样的理财才能成功，事实上并不尽然。其实，许多平凡人都能够靠理财致富，投资理财与你的学问、智慧、技术、预测能力无关，也和你所下的功夫不相干。归根结底，完全看你是不是做到投资理财该做的事。做对的人不一定很有时间，做对的人也不一定懂得技术，他可能很平凡，却能致富，这就是投资理财的特色。一个人只要做得对，他不但可以利用投资成为富人，而且过程也会轻松愉快。因此，投资理财不需要天才，不需要什么专门知识，只要肯运用常识，并能身体力行，必有所成。因此投资人根本不需要依赖专家，只要拥有正确的理财观，你可能比专家赚得更多。

投资理财没什么技巧，最重要的是观念，观念正确就会赢。每一个理财致富的人，只不过是养成一般人不喜欢，且无法做到的习惯而已。你是否知道理财可以创造财富且可以致富？如果你知道，你是否真的去尝试过？从另一个角度来看，投资理财是一件相当困难的事。它之所以困难，不是由于需要高深的学问，而是投资人必须经常做一些与自己的习惯背道而驰的事。这对大多数的人来说，并非易事。

卡内基在创业中，经过不断地扩张、吞并建立起了属于自己的钢铁王国。当别人问他创业的秘诀是什么时，他毫不犹豫地说："那就是不断地实现自我价值，追逐生意上利润的多少则是其次的。"这种价值的取向对管理者来说十分重要。盈亏的涨落对于股市行情的报道评价是必要的，但对于某个项目来说并非至关重要。尤其对私人公司来说，更是如此。钱多并不能真正说明什么。著名的美国通用汽车制造公司的高级专家赫特曾说过这样一段耐人寻味的话："在私人公司里，追求利润并不是主要目的，重要的是把手中的钱如何用活。"

有一则劝人善加理财的故事，叙述一个大地主有一天将他的财产托付给三位仆人保管与运用。他给了第一位仆人 5 份金钱，

第二位仆人 2 份金钱，第三个仆人 1 份金钱。地主告诉他们，要好好珍惜并善加管理自己的财富，等到 1 年后再看他们是如何处理钱财的。第一位仆人拿到这笔钱后做了各种投资；第二位仆人则买下原料，制造商品出售；第三位仆人为了安全起见，将他的钱埋在树下。1 年后，地主召回三位仆人检视成果，第一位及第二位仆人所管理的财富皆增加了 1 倍，地主甚感欣慰。唯有第三位仆人的金钱丝毫未增加，他向主人解释说："唯恐运用失当而遭到损失，所以将钱存在安全的地方，今天将它原封不动奉还。"

地主听了大怒，并骂道："你这愚蠢的仆人，竟不好好利用你的财富。"

圣经中的例子，第三位仆人受到责备，不是由于他乱用金钱，也不是因为投资失败遭受损失，而是因为他把钱存在安全的地方，根本未好好利用金钱。

在犹太商人看来，投资人想跻身于理财致富之林，必须要在思考模式上摆脱传统思维。

有一个成年人不知怎么骑脚踏车，他看到一位小孩骑，就羡慕地对小孩说："小孩子身手敏捷才会骑车。"没想到小孩子反驳道："不一定要身手敏捷才会骑车。"于是小孩子便教会了成年人骑车。当成年人愉快地与这小孩道别后，又习惯性地推着车走路回家，这就是传统习惯的力量，这位成年人摆脱不了。

第十章

借力——成功的手段

借钱赚钱，成就自己

犹太人懂得任何事情都不能一步登天，但办法却是多种多样的，办法得当，则可快捷省劲。善"借"力量，是一种快捷省劲的诀窍。

一切都是可以靠借的，你可以借资金或借技术，也可以借人才。一切你需要用的东西都可以借。这个世界早就准备好了一切你所需要的资源，你所要做的仅仅是把他们整合起来，并用智能让他们有系统地运作。

这就是犹太人的思维方式，他的意思其实是说，生意人应该尽力贷款，借助银行的资金让自己有资本创业，如果你不能借用别人的资金，做生意是非常困难的。

看看犹太富翁们白手起家的故事，我们就能发现，他们都是在短短的二三十年内，就成为闻名天下的亿万富豪。为何他们的发财速度，总是快得让人咋舌呢？

著名的希尔顿从被迫离开家到成为身价5.7亿美元的富翁，只用了17年的时间，他发财的秘诀就是借用资源经营。他借到资源后不断地让资源变成了新的资源，最后成了全部资源的主

别人之"势"，巧借别人之"智"的高手。

如美国前国务卿基辛格，且不说其在外交工作上的政治手腕，就从他处理白宫内的事务工作，就可以看出他是一位典型巧于借用别人力量和智慧的能手。他有一个惯例，凡是下级呈报来的工作方案或议案，他先不看，压它几天后，把提出方案或议案的人叫来，问他："这是你最成熟的方案（议案）吗？"对方思考一下，一般不敢肯定是最成熟的，只好答说："也许还有不足之处。"基辛格即会叫他拿回去再思考和修改得完善些。

过了一些时间后，提案者再次送来修改过的方案（议案），此时基辛格把它看阅后，又问对方："这是你最好的方案吗？还有没有别的比这方案更好的办法？"这又使提案者陷入更深层次的思考，把方案拿回去再研究。就是这样反复让别人深入思考研究，用尽最佳的智慧，达到自己所需要的目的，这不愧为基辛格的一手高招，也反映出犹太人的一种成功的诀窍。

一个企业会不会做生意，很重要的一点要有一种识人的眼光，能够抓住别人的优点，把每一个员工的位置都分配得十分恰当，使每个员工的力量和智能都能淋漓尽致地发挥出来。

钢铁大王卡耐基曾预先写下这样的墓志铭："睡在这里的人，懂得运用比他更聪明的人"。

的确，卡耐基能够从一个铁道工人变成一个钢铁大王，是他能够发掘许多优秀人才为他工作，使他的工作效率提高了成千上万倍的结果。

犹太人密歇尔·福里布尔经营的大陆谷物总公司，能够从一间小食品店发展成为一家世界最大的谷物交易跨国企业，主要因其善于借助先进的通讯科技和善于借助大批懂技术懂经营的高级人才，他不惜成本不断采用世界最先进的通信设备，宁肯付出很高的报酬去聘请有真才实学的经营管理人才到公司工作。这样，使其公司信息灵通，操作技巧精通，竞争能力总胜人一筹。他虽然付出了很大代价来取得这些优势，但他借助这些力量和智慧赚回的钱远比他支出的大得多，可谓"吃小亏占大便宜"。

犹太人身处异地他乡，遭人歧视，受人排挤，他们无地无权无势，想出人头地在常人看来简直是妄想。然而事实上，犹太人却以其不凡的智慧和机智，加上其勤勉、忍耐的性格，完成了"资本的原始积累"阶段，并且最终成了富翁。犹太大亨洛维格就是利用这种超乎寻常的方式巧妙利用别人的钱发家致富而最终成就伟业的。

与洛维格相比,世界船王奥纳西斯只能是大海中的小水滴。洛维格拥有当时世界上吨位最大最多的油轮;另外,他还兼营旅游、房地产和自然资源开发等行业。

洛维格第一次做的生意只是一艘船的生意。

他把一艘别人搁置很久沉入海底的长约26英尺的柴油机动船很费劲地让人打捞出来,然后借钱花了4个月的时间将它维修好,并将船承包给别人,自己从中获利50美元。这使他很高兴,使他明白了借贷对于一贫如洗的人创业是多么重要。

可是,刚开始创业时期的他总是债务缠身,屡屡有破产的危机。他始终也没有跳出平常的思维,达到一种有希望的新境界。就在洛维格行将进入而立之年时,灵感爆发了。他找了几家纽约银行,希望他们能贷款给他买条一般规格水准的旧货轮,他准备动手把它安装改造成赚钱较多的油轮,但是却一一遭到了拒绝,理由是他没有可担保的东西。面对着一次次的失败,洛维格并不气馁,而是有了一个不合常规的想法。他有一只仅仅能航行的老油轮,他将这条油轮以低廉的价格包租给一家石油公司。然后去找银行经理,告诉他们自己有一条被石油公司包租的油轮,租金可每月由石油公司直接拨入银行来抵付贷款的本息。经过几番周折,纽约大通银行终于答应借贷给他。

尽管洛维格并无担保物,但是石油公司却有着很好的效益,其潜力很大，除非天灾人祸，否则石油公司的租金一定会按时入账。此外，洛维格的计算非常周密，石油公司的租金刚好可以抵偿他银行贷款的本息。这种奇异而超常的思维尽管有些荒诞，但却使洛维格敲开财富的大门。

洛维格拿到了贷款就去买下他想买的货轮，然后动手将货轮加以改装，使之成为一条航运能力较强的油轮。他利用新油轮，采取同样的方式，把油轮包租出去，然后以包租金抵押，再贷到一笔款，然后又去买船。周而复始，像神话一样，他的船越来越多，而他每还清一笔贷款，一艘油轮便归在他的名下。随着贷款的还清，那些包租船全部归他所有。

洛维格的成功，最关键的地方在于他找到了一种巧借别人的"势"来壮大自己的妙策。一方面，他将船租给石油公司，这样他就有了与这家石油公司开展业务往来的背景。有这样一家石油公司来衬托他，况且每月租金可直接抵付利息，银行当然乐意将钱贷给他了。另一方面，他用从银行借来的钱再去买更好的货轮，然后再租给石油公司，然后又贷款。从这一点上讲，他又成功巧妙地利用借来的钱壮大了自己的"势"，如此往复，借的钱越多，租出去的船也就越多，而租出去的船越多，其"势"就越壮大，而"势"越壮大，就可以获得更多的钱。

总而言之，犹太人借势操作确实是经商的一大诀窍。借助别人的力量使自己的能力发挥最大效果是成功的捷径，善于拜访比自己有智慧的人可以使自己立于不败之地。

善用资源，弄潮商海

《塔木德》上说："任何东西到了商人手里，都会变成商品。"真正能实践这句话的也只有《塔木德》的忠实信徒犹太商人。

犹太商人具有准确的判断能力，他们能够很快地判断出对方的能力、资历、信誉、实力等。在充分了解这些后，便开始同对方展开合作。犹太人不论在经商、从政、科技方面，都善于运用资源，巧借别人之智来为自己获得最大的好处。

犹太商人罗恩斯坦是一个靠国籍致富的人。

罗恩斯坦的国籍是列支敦士登，但他并非生来就是列支敦士登的国民，他的列支敦士登国籍是用钱买来的。他为什么要买此国籍呢？

列支敦士登是处于奥地利和瑞士交界处的一个极小的国家，人口只有几万人，面积 157 平方公里，这个小国与众不同的特点就是税金特别低。这一特征对外国商人有极大的吸引力，引起各国商人们的注意。为了赚钱，该国出售国籍，获取该国国籍后，无论有多少收入，只要每年缴纳 10 万元税款就行了。

列支敦士登国成为世界各国有钱人向往的理想国家，他们极想购买该国的国籍，然而，一个小国容纳不下太多的人，所以想买到该国国籍也并不容易。

但是，这难不倒机灵的犹太商人。罗恩斯坦就是购买到列支敦士登国籍的犹太商人之一。他把总公司设在列支敦士登国，办公室却设在纽约。在美国赚钱，却不用交纳美国的各种名目繁杂的税款，只要一年向列支敦士登国交纳 10 万元就足够了。他是个合法逃税者，减少税金，获取更大利润。

罗恩斯坦经营的是"收据公司"，靠收据的买卖，可赚取 10％的利润，在他们办公室里，只有他和他的女打字员两人，打字员每天的工作，是打好发给世界各地服饰用具厂商的申请书和收据，他的公司实质上是斯瓦罗斯基公司的代销公司，他本人也可以说是一个代销商。

达尼尔·斯瓦罗斯基家是奥国的名门，他们的公司世世代代都生产玻璃，制假钻石的服饰用品。精明的罗恩斯坦最初便看准了这家公司，只是时机未到，他只好静静地耐心等候。

第二次世界大战后，斯瓦罗斯基的公司因在大战期间迫于德军的威力而不得不为其制造望远镜，故法军决定将其接收，当时是美国人的罗恩斯坦，知悉情况后，立即与达尼尔·斯瓦罗斯基家进行交涉：

"我可以和法军交涉，不接收你的公司，交涉成功后，请将贵公司的代销权让给我，直到我死为止，阁下意思如何？"

斯瓦罗斯基家，对于犹太人如此精明的条件十分反感，大发雷霆。但经冷静考虑后，为了自身的利益，只好委曲求全，以保住公司的巨大利益而全部接受了他的条件。

对法国军方，他充分利用美国是个强国的威力，震住了法军。在斯瓦罗斯基斯接受他的条件后，他马上前往法军司令部，郑重提出申请：

"我是美国人罗恩斯坦，从今天起斯瓦罗斯基的公司已变成我的财产，请法军不要予以接收。"

法军哑然，因为罗恩斯坦已经是斯瓦罗斯基的公司主人，即此公司的财产属于美国人。法军无可奈何，不得不接受罗恩斯坦的申请，放弃了接收的念头。美国人的公司法国是不敢接收的，因为他们惹不起美国。

以后，罗恩斯坦未花一分钱，便设立了斯瓦罗斯基公司的"代销公司"，大把地赚取钞票。真可谓是不沾手便能赚大钱的干将。

罗恩斯坦的致富，是国籍帮了他的大忙，以美国国籍作为发家的本钱，再靠列支敦士登国的国籍逃避大量税收，赚取大钱！

犹太人认为，没有外力也要自行发展，有了外力就能更好地发展。

明赔暗赚，善用手法

一家叫奥兹莫比尔的汽车厂位于美国康涅狄格州，它的生意曾长期冷凋，工厂有倒闭的迹象。该厂总裁决定从推销着手，摆脱面临的危机。

商战变幻莫测，要善于调整，这种调整旨在赢利，但为了赢利，吃些小亏理所当然。采用什么样的推销方法更有效呢？

总裁犹太商人卡特对该厂的情况进行了反复认真的思考，针对存在的问题，对竞争对手以及其他商品的推销术认真地进行了比较分析，最后博取众人之长，大胆设计了"买一送一"的推销手法。该厂因为积压了一批轿车，不能及时出手，资金也没法收回，仓租利息却处于上扬趋势。所以广告中就声明谁买一辆"托罗纳多"牌轿车，谁就可以同时得到一辆"南方"牌轿车。

买一送一的推销方法，由来已久，使用广泛。但一般做法就能得到免费赠送的一些小额商品。如买电视机，送一个小玩具；买录像机，送一盒录像带等。这种给顾客一点儿小恩惠的推销方式，的确能起到很大的促销作用。但时间一久，使用者多了，消费者也慢慢不感兴趣了。给顾客送礼给回扣的做法，也是个推销老办法，但同样，所送礼品的价值或回扣数目一般都较小，不可能起到引起消费者振动的效果。

奥兹莫比尔汽车厂对各种推销方法的长处兼容并蓄，尽可能克服因方法陈旧使消费者麻木迟钝的缺点，大胆推出买一辆轿车便送一辆轿车的出众办法，果然一鸣惊人，使很多对广告习以为常的人为之刮目。许多人闻讯后不辞远途也要来看个究竟。该厂的经销部一下子门庭若市。过去无人问津的积压轿车果真被人们竞相采购，该厂如广告所说实现了承诺，免费附赠一辆崭新的"南方牌"轿车。

奥兹莫比尔汽车厂这种销售方法，等于每辆轿车少赚了5000

美元，亏了血本吗？

实际上汽车厂不但没有亏本，还因此落了多种好处。因为这些车如果积压一年卖不掉，每辆车至少要损失利息和仓租以及保养费等。

但如此一来，车兜售一空，资金迅速回笼，扩大了再生产的能力；"托罗纳多"牌轿车的消费者增多，名声大振，市场占有比率加大；一个新的牌子"南方"牌被引了出来，这一低档轿车以"赠品"问世，最后开始独立行销……奥兹莫比尔汽车厂从此起死回生，蒸蒸日上。

犹太商人聪明绝顶，善于使用明亏暗赚的手法，以此来实现自己的经商目的。

借鸡下蛋，靠钱生钱

"如果你能找到一位百万富翁，我就能帮你说服他，让他愿意成为你的大金主。"

威廉·立格逊在他的《如何用业余时间把一千美元变成三百万美元》一书中这么说。

洛维格年轻时曾一度贫困，他当过一段时间的推销员，也从事过其他很多职业。三年后，他凭着自信与毅力，为自己争取到了一家灯饰公司商场副经理的职位。做了两年多，在灯饰经营方面积累了不少经验。为了能更充分地发挥自己的能力，洛维格决定跳出来自立门户。

刚开始创业，困难自然不少，最大的"拦路虎"是资金不足，为此洛维格动了不少脑筋。1998 年他承包了一个大型超市的巨型灯饰店，接手时这家店已经亏损。但洛维格不怕，他自己有经营灯饰的经验，客户方面也可以联系到不少。只要找到用武之地，他就可以大展拳脚。从组织、策划、进货到销售，洛维格样样事都亲力亲为，有时忙得连午饭都顾不上吃。不到一年，灯饰店就起死回生，还净赚了好几万。承包经营，不必自己再去寻找铺位、购置设备、产品，只需出一些活动资金，比起自己开店，需要的本钱要少得多。这样一方面解决了资金不足的困难，另一方面又可以在经营中不断地积累资金。用洛维格的话说，就是借别人的鸡，下自己的蛋。

洛维格正是利用这个机遇，走出创业的第一步。生意慢慢做大，储存的"蛋"也越来越多。

巧用机遇，借势经商

以色列某镇，有条河流穿镇而过，几十公里河段平均宽度300多米。满河的黄沙和铁砂到底有多少，谁也没有计算过，该镇人民守着这一河"金沙"，一代又一代，望河长叹。政府思索了多年，想寻找一个可供开发的途径，让满河黄沙变成滚滚财源。

一个偶然的机会，一位犹太村民发现了机械淘沙的信息，政府对此进行了仔细分析，认为切实可行，便当即拍板：引资立项，共同开发，"借"一条"大船"出海淘金。下定决心后，立即派人前往发达地区，以诚恳的态度和优越的投资环境，取得了一商家的信任。

不久，商家来该镇考察，考察结果令商家非常满意，当即签订了意向性合同书。随后不久，签订了正式合同，并很快运来了大型采砂船及其他加工船只、设备，还带来了资金800万美元，正式成立有限责任公司，选址河中段。经过紧张的船只制造、厂房建设和机械安装，很快便正式开工投产。该公司一期投资1000万美元，主要利用大型机械船开采铁砂，并就地加工成高品位冶金粉末。日平均开采量200吨，年产铁砂65万吨，月平均用电量30万度，年用电量是整个河段供电区用电量的13倍，年产值

过千万美元，每年可实现利润 150 万美元。

在德国一个偏僻的小镇上，却有一家世界上最大的体育用品公司——阿迪达斯公司。这个小镇只有 1.7 万人，而这家公司却有 4 万名职工，分布在全世界 40 个国家的子公司中，这家公司经营各种体育用品，但传统的、最主要的产品是足球鞋，每年各公司共生产 25 万双足球鞋。

70 年前，阿迪·达斯勒兄弟俩在母亲的洗衣房里开始了制鞋业。他们边制边卖，销路看好。弟兄俩重视质量，不断地在款式上创新，他们不厌其烦地量下顾客脚的尺寸、形状，然后制鞋，于是每一双鞋都能满足消费者的要求。由于种种有利于顾客的经营方式，使他们的家庭制鞋作坊发展很快，没几年时间就扩展成一家中型制鞋厂。

在犹太人眼里，强者都是从弱者发展过来。只有那些善于借势的经商者才会由小变大，以弱胜强，最终也成为强者。

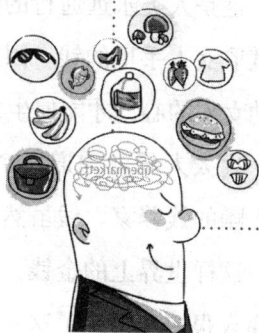

/第十一章

目标——营销的技巧

赚取女人手里的钱

犹太人深知：女人是金钱的实际拥有者，金钱总是围绕着女人，这是人类永远通行的社会规则。所以，如果想赚钱，就必须先赚取女人手里的钱。因此，做生意一定要掌握这一点，即只有打动女人的心，才能使生意成功。

犹太人早就知道这个道理：这个世界上男人赚钱，女人用男人赚的钱养家。钱虽然是男人赚的，但开支权却掌握在女人手里。这样世界上的金钱，几乎都集中到女人手中，眼明手快的犹太商人很快洞察到了这一点，提出了"瞄准女人"的口号，用他们的话来说，赚取女人所持有的金钱，就等于赚取了男人工作所赚的钱。

自认为有常人之上经商才能的人，如果瞄准了女人手里的钱，财源必定会滚滚而来，反之，如果经商者想席卷男人的钱，拼命瞄准男人，这笔生意则注定会失败。因为男人的任务是赚钱，能赚钱并不意味持有钱，拥有钱、消费金钱的权限还在于女人。

因此，犹太人告诉我们，做女人的生意，绝对没错。

看看满大街经营的各种商品吧，琳琅满目的钻石、戒指，各种各样的女式服装，女人的别针、项链、耳环……大多是和女人有关系的，最糟糕的是，这些东西通常都比较贵。所以，你只要运用聪明的头脑，让女人为你心甘情愿地解囊，那么，大沓大沓的钞票就会流水一样地自动流进你的口袋。

在伦敦，有一个叫埃默德的犹太人开了一家百货商店，地理位置相当好，每天来往的人也很多，可是埃默德的生意却一直不好。开业两三年了，收入一直很低。看着来来往往的行人，埃默德十分郁闷。经过长时间的观察，埃默德发现了这样一个规律：平时光顾商店的人，女性居多，差不多占到80％，偶尔有男人来商店，也大多是陪妻子购物，很少单独买东西。他越想越觉得自己的经营方向有问题。想起以前看到的犹太富豪喜欢做女人生意的这一法则，他不禁自责起来：女人才是真正的消费主体，自己却把目光瞄在不赚钱的生意上，这样不是离赚钱越来越远了吗？埃默德于是果断地决定将自己百货商店的营业对象限定在女性身上。

他把所有的营业面积全用上，都摆上女性的用品。不过，精明的埃默德这次想出了高招：把正常的营业时间一分为二，白天他摆设家庭主妇感兴趣的衣料、内裤、实用衣着、手工艺品、厨房用品等实用类商品；晚上则改变成一家时髦用品商店，将朝气蓬勃的气息带到商店，以便迎合那些年轻的女性。这样，最有消费实力的女人就被他的经营方针覆盖了。

对于年轻时髦的女孩子们，埃默德可以说是费尽了心机，光是女孩子们喜欢的袜子就陈列了许多种，内衣、迷你裙、迷你用品、香水等都选年轻人喜欢的样式和花样进货。凡是年轻女性喜欢的、需要的，能够引起她们购买欲望的商品，他都尽量满足，并把它们摆在柜台显眼的位置上。他甚至对别人自吹："在这里，年轻女孩子喜欢的东西是应有尽有啦。"

他从法国进口了最流行的内衣，并且进行了巧妙的宣传：本店有世界最风行的新款女士内衣，包您穿了青春靓丽。

没过多久，埃默德商店有世界上最流行的内衣的消息不胫而走，许多女性真的如风一般的赶来，争相购买。人们不解，纷纷求教其中奥妙，埃默德大笑："其实，我只是让这些内衣更加性感而已！"

埃默德的商店成了女性常来光顾的地方，不久，其分销点就已经达到100多家，狠狠地赚了女人一笔钱。

世界最有名的高级百货公司"梅西"公司是犹太人施特劳斯亲手创办起来的。施特劳斯在打工生涯中注意到，顾客中多为女性，即使有男士陪着女性来购物，决定购买权都在女性。

施特劳斯根据自己的观察和分析，认为做生意盯着女性市场前景更光明。当他积累了一点儿资本而自己经营小商店"梅西"时，就是以经营女性时装、手袋、化妆品开始的。经过几年经营后，果然生意兴旺，利润甚丰。他继续沿着这个方向，加大力度，扩大规模，使公司的营业额迅速增长。施特劳斯总结了自己

的经营经验，接着开展钻石、金银首饰等名贵产品的经营。他在纽约的"梅西"百货公司，总共6层展销铺面，展卖时装的（绝大都是女性的）占两层，展卖钻石、金银首饰的占一层，展卖化妆品的占一层，其他两层是展卖综合的各类商品。

可见，女性商品在"梅西"公司占了绝对多数。施特劳斯经过30多年的经营，把一间小商店办成世界一流的大公司，显然与其选择的女性目标市场有很大关系。

锁定赚钱的目标

稍微懂点儿经济学的人都知道有一个著名的"洛仑兹"曲线，这个曲线表明了收入分配的格局，即是说：财富不是平均地掌握在人们的手中，而是恰恰相反，拥有收入（财富）的绝大多数的人只占总人口中的一个比较小的比例。比如说：80％的财富被仅仅20％的人口占有，而其余80％的人只占剩下的20％的财富。换句话说：钱在有钱人手里。这或许是一个再简单不过的道理，但真正理解这句话，而且将其运用到商业运作、经营管理中的人却不多。我们经常说："美国人的财富在犹太人的口袋里"，占美国人口很小比例的犹太人却拥有美国大部分的财富，这正好证明了这个道理。

犹太人不仅在美国，还在亚洲的日本、欧洲的一些国家，独占金融界或商界鳌头，百万、千万、亿万富翁大有人在，如果有人问他们何以生财有道，他们会漫不经心地说一句"钱本来就在有钱人手里"。你或许很不满意这个好像不是答案的答案，但是请你千万别误会，犹太人是告诉你一个真理：钱在有钱人手里。所以，我们要赚那些有钱人的钱；这样就可以快赚钱，赚大钱了。

"钱在有钱人手里，赚钱就要赚有钱人的钱"，这是犹太商人的经商哲学。而这一哲学却源自于他们对生活对世界的看法，这便是"78∶22"法则。

"78∶22"法则的确是一个超乎一切的"绝对真理"，它一直在冥冥之中规定着我们的世界，左右着我们的生活。这样一个具有绝对权威、千古不变的真理法则，犹太人理所当然地将它作为经商的基础，依靠这个不变法则的支持，获得世人皆慕的财富。

举一个例子来说，假如有人问，世界上放款的人多，还是借款的人多，一般人都回答说："当然借款的人多。"但是经验丰富的犹太人回答却恰恰相反，他们会一口咬定："放款人占绝对多数。"实际也正如此，银行总的来说是个借贷机构，它将把从很多人那借来的钱，再转借给少数人，从中赚取利润，而用犹太人的说法，放款人和借款人的比例是 78∶22，银行利用这个比例赚钱，绝不吃亏。否则，银行就有破产之虞。

学会活用一切

犹太人的事业成功者，有一个突出之处，就是善于活用一切。他们由于历史的原因，所处的环境和条件千差万别，但不管在欧洲、美洲，或是在亚洲乃至非洲，不管是从事商业、科学技术事业，或是文化艺术领域乃至农业领域，都涌现出大批事业有成的佼佼者。究其原因，其中很重要一条就是他们能适应环境，活用他们所处的一切有利条件，充分发挥自己的潜能，开创出一番事业。

犹太人认为，人离不开自己所处的客观环境，也离不开自身的主观条件。想要改变整个客观环境和条件，是整个社会的事，作为个人或企业只能适应客观环境，利用好客观条件。至于主观条件，有些是可以改变的，有些则不能改变，只能靠自身的努力和善于活用主观条件了。

犹太人在活用一切客观条件和主观条件上很有建树，这是他们有自知之明的结果。爱因斯坦在读小学和中学时成绩平平，没有出众的表现。但爱因斯坦有自知之明，懂得自己对物理学研究颇深，他读大学时选读物理学。由于他充分发挥了自身的优势条件，在物理学上取得前人未有的伟大成就。但当以色列邀请他去当总统时，他却婉言拒绝了，他自知没有当总统的条件。

世界最大的制片中心好莱坞的老板高德温，是位波兰出生的犹太人，他的传奇一生是充分活用一切的一生。他1882年出生于华沙，11岁丧父，家庭生活十分困难。为了生活，流浪到英国伦敦，曾在铁匠店当童工，他不怕苦和累，炼出一个强健体魄。他没有进学校的机会，就利用工余自学文化。他到美国生活后，从打工到自己经营手套工厂，最后发展成为好莱坞制片中心的老板，富甲一方。高德温的发展过程，可说是众多犹太人的生活缩影。

犹太人坚信，在这个世界上，只要你有意搜索，可以活用的条件是到处潜在的。自叹找不到脚下金矿的人，是既可怜又可悲的睁眼瞎子。他们还认为，人生的机会，大量存在于本身的周围和本身所潜在的条件中。关键在于你是否练就出开发这些条件的意志和眼光。以色列国成立于20世纪40年代中期，选址在一个既缺资源，气候条件又恶劣的沙漠之地。但这里的国民充分利用犹太人拥有的科技及人才较多的条件，把沙漠进行改造，创造滴水灌溉法，使得这个一毛不长之地，成为农业发达的国家，现在不但粮食、蔬菜、水果可自给，并成为出口创汇的重要来源。

可见，活用一切条件，是犹太人成功的一个高招。

瞄准富人的口袋，厚利适销

众所周知，物美价廉、薄利多销，是一种有效的竞争手段，也是与一般消费者普遍心理特点相符的定价策略。但这种定价方法不一定都奏效。

美国纽约的第四十二大街上，有个生产服装的犹太商人鲁尔开设的经销店，门面不大，生意也不怎么兴隆，鲁尔专门聘请的高级设计师，经过精心设计的世界最新流行款式的牛仔服首次上市销售。他对这一产品寄托了很大的希望。企盼一举改变自己经营不景气的状况。为此，他投入了6万美元的资金，首批生产了1000件，成本为56美元，基于打开市场的需要，他采取了低额定价策略，把每件定为80美元，这在服装产品定价中算是比较低的了。鲁尔心想，凭着新颖的款式和低廉的价格，今天一定会开门大吉，发个利市。

鲁尔亲自出阵指挥，大张旗鼓地叫卖了半个月，购买者却寥寥无几。

急昏了头的鲁尔铁下一条心来，每件下降10元销售，又呼天喊地叫卖了半个月，购买者却仍不见多。估摸着低价之下，必有勇夫，鲁尔又降低了10元钱价格，这可接近于跳楼价了，但销售状况仍是"外甥打灯笼——照旧"。向来不服输的他，这时也顾不得那么多了，干脆大甩卖吧，每件50元，工本费都不要了，实行赔本清仓，可除了吸引了不少看客外，连原来还有几个顾客的情形也更加不如了，购买者不再光顾。

彻底绝望的鲁尔自认倒霉，索性也不再降低和叫卖了，他让人在店前挂出"本店销售世界最新款式牛仔服，每件40元"的广告牌，至于能否销售出去，只好听天由命了。在繁华的纽约大街上，有这么便宜的东西，也可真少见。希望顾客们可怜一把。谁知，广告牌一挂出，陆陆续续来了不少购买者，兴致盎然地挑选起来。站在一旁的鲁尔这回可傻了，呆若木鸡地立在一旁。

原来，他的店员一时粗心大意，在40元后多加了个0，这样每件40美元就变成了400美元了，价格一下子高出10倍，购买者反倒一拥而上，不一会儿的工夫，就卖出了七八件，并且随后的销售状况是越来越好，"芝麻开花节节高"，生意空前的兴隆。一个月过去了，虽然鲁尔仍然是"丈二和尚摸不着脑袋"，糊里糊涂地，他的1000件牛仔服已经全部销售一空。差点儿血本全无的鲁尔，转瞬之间发了横财，高兴得不亦乐乎。

在采取低廉定价法让鲁尔一筹莫展的情况下，为什么意外导致的高价反而让鲁尔扭转乾坤，一举赚取了高出原来预期十倍的利润呢？其实这是消费者的购买心理在起作用。鲁尔的世界最新款式的牛仔装，主要销售对象是那些爱赶时髦的年轻人。他们的购买心理是讲究商品的高档次、高质量和时髦新颖。

对服装的需求不仅讲求新，而且讲求派头，以满足自己的虚

荣心和爱美之心。虽然，鲁尔的牛仔服装款式新颖，但因为开始定价太低，他们便误以为价低则质次，穿到身上有失体面；当后来价格抬高10倍时，他们便以为价高而货真，因而踊跃购买。

当然，鲁尔的牛仔服在当地属于是"奇"货，属于地道的时新产品。因此，才能满足这部分消费者的需求，假如鲁尔的牛仔服与司空见惯的大路货毫无两样，价标得再高，也难以销售。

古往今来，很多人在经商过程中把"薄利多销"作为商场中的金科玉律，但犹太人认为进行薄利竞争是愚蠢之至，是奔向死亡的大竞赛。他们还认为，同行之间开展薄利多销的恶性竞争无疑是往自己的脖子上绞索。因为"薄利"就体现了卖主对自己商品的不自信，有"因为商品不好，所以才便宜卖"的意味。

犹太人对"薄利多销"的营销策略往往这样嘲弄道："为什么要'薄利多销'，为什么不'厚利多销'呢？"他们认为，在灵活多变的营销策略中，为什么不采取上策而采用下策？卖3件商品所得的利润只等于卖出1件商品的利润，上策是经营出售1件商品。这样，既可省了各种经营费用，还可保持市场的稳定性，并很快可以按高价卖出另外两件商品。而以低价一下卖了3件商品，市场饱和后，再想多销也无人问津了。"薄利多销"只能是"搬起石头砸自己的脚"。

犹太商人的"厚利适销"策略，是营销学中定价策略的一种。在营销学中一般有五种定价策略：

一、撇开定价策略。这是一种以高于成本很多的定价投放新产品的策略。有些新产品由于率先推出，以奇货自居，一般采取这一策略。

二、价格渗透策略。这是一种定价策略与撇开定价策略恰好相反，产品的价格过低，以此来排除竞争对手，迅速地占有市场。

三、折扣或让价策略。这种价格策略是通过变通办法给购买者以优惠并鼓励其积极购买和如期支付货款，它倾向于薄利多销。

四、综合定价策略。这种经营方式是经营者根据市场竞争中的位置，采取部分产品价高部分产品价低；或者把产品销售的有关因素都包括进去，以此来促进产品的销售。

五、心理定价策略。这种定价策略满足各类型消费心理。人们购买商品时具有各自不同的心理，部分人出于实用性，部分人出于好奇心，部分人出于自尊心，部分人出于显示富贵。在不同的心理基础上定价，可以刺激顾客的购买欲。犹太商人的"厚利适销"策略，应用心理定价与撇开定价思想的策略，由于运用得当，所以其技巧独特。

犹太人在经营活动中除了坚持厚利适销做法外，为了避免其他人"薄利多销"的冲击，他们宁愿经营昂贵的消费品，不经营低价的商品。为此，世界上经营珠宝、钻石等首饰的商人中，犹太人居多。犹太人选择以这个行业为主，显然是想避开那些以薄利多销的竞争者，因为这些竞争者一般没有资本或力量经营首饰类资本密集型商品。

犹太人的"厚利适销"营销策略是从有钱人作为着眼点的。

名贵的珠宝、钻石、金饰，一掷千金，只有富裕者才买得起。既然是富裕者，他们付得起，又讲究身份，对价格就不会那么计较。相反，如果商品定价过低，反而会使他们产生怀疑。犹太人抓住富裕者"价低无好货"的消费心理，开展厚利策略经营，即使经营非珠宝、非钻石首饰商品，也是以高价厚利策略营销，如美国最大的百货公司之一的梅西百货公司，它出售的日用百货品总要比其他一般商店同类商品价高 50％，但它的生意仍比别人要好。

犹太人的高价厚利营销策略，表面上从富有者着眼，事实上是一种巧妙的生意经。讲究身份、崇尚富有的心理在整个社会比比皆是。在富贵阶层流行的东西，很快就会在中下层社会流行起来。据统计和分析，在富有阶层流行的商品，一般在两年左右时间就会在中下层社会流行开来。道理很简单，介于富裕阶层与下层社会之间的中等收入者，他们总想进入富裕阶层，由于虚荣心理的驱使，为了满足心理的需求或其他原因，总要向富裕者看齐。

为此，富裕者购买高贵的新商品。而下层社会的人士，往往力不从心，价格昂贵的商品消费不起，但崇尚心理作用总会驱使一些爱慕富贵的人行动，他们也不惜代价购买。这样的连锁反应，昂贵的商品也成为社会流行品。可见，犹太人的"厚利适销"策略是"醉翁之意不在酒"，同样是盯着全社会的大市场。

此外，犹太人的"厚利适销"定价策略对顾客的购买欲产生了强烈的刺激作用。

/第十二章

时间——无形的金钱

时间就是金钱

犹太人对时间的认识比其他民族要深刻得多。每个民族都有对时间重要性和不可重复性的描述。汉语用"白驹过隙"来形容时间过得很快，同样用"南柯一梦"来形容人生的短暂，时间的弥足珍贵。当然，那句"一寸光阴一寸金，寸金难买寸光阴"的千古警句永远提醒人们要珍惜时间，爱惜光阴。在当代社会，金钱大有主宰一切的架势，于是人们喊出了"时间就是金钱"的口号，这句话的本意是指要注意办事的效率，不可拖沓延误时间，但实际上，金钱固然重要，但失去了可以再挣回来，但时间一去不复返；金钱可以存留，可以储蓄，可时间不可停留，也不能储蓄。因此时间远贵过金钱。

犹太人认为时间就是金钱。如一天工作 8 小时，他们常以一分钟多少钱的概念来工作。一个打字员，如果下班时间到了，即使只剩下十几个字就可完成的文件，她也会立刻放下工作回家。他们认为，浪费时间就等于浪费他们的商品，也就等于浪费他们保险柜里的金钱。

正因为犹太人把时间视作金钱，他们对时间如金钱一样是按分按时计算的。老板请员工做事，工薪是按时计算的。犹太人会见客人十分注意恪守时间，绝不拖延。客人来访，必须预约时间，否则就要吃闭门羹。犹太人对于突然来客是十分讨厌的，如果是做生意，可能会导致失败。

犹太人把时间看得那么重，是有其道理的。时间是任何一宗交易必不可少的条件，是达到经营目的的前提。

与对方签订合同时，要充分估计自己的交货能力，是否能按对方要求的质量、数量和交货期去履行合约。如可以办到，就与其签约，如办不到，切不可妄为。

时间的价值还显示在赶季节和抢在竞争对手前获取好价格和占领市场方面。在竞争激烈的市场中，谁能在一个市场上一马当先，以质优款新的产品问世，谁就必能获得较好的经济效益。如电子手表，刚上市时每块售价几十美元乃至几百美元。曾几何时，当许多竞争者推出同类产品时，其价值一落千丈，每块售价只有几美元。又如人们日常的必需品蔬菜，在反季节时售价数倍高于盛产季节。为什么会出现如此大的反差呢？这显然是"时间"的价值。

时间的价值还表现在生意的全过程中。一个企业经营效益的高低，与其费用水平的高低息息相关。根据众多的企业核算，其经营费用中有70％左右是花费在占用资金的利息上。如一个企业一年的营业额为10亿元，其资金年周转率为两次，就是说该企业每年占用资金为5亿元。若按银行利息为12％（年息）计算，一年共支付利息达6000万元。如果该企业能把握一切时间和进行有效管理，使资金周转达到一年4次，那么，其支付的利息就可节省3000万元，换句话说，该企业就可多盈利3000万元了。除此之外，加快货物购入和销出，加快货款的清收等，都体现出时间的价值。

由于犹太孩子从小就接受"自主"教育，所以犹太老人不可能让子女赡养，只有自己赚到了钱，安逸的生活才会有保障。正是因为犹太人自知天命，他们才拼命抓紧时间赚钱。

时间也是商品

犹太人最早领悟时间的价值，"时间也是商品""勿浪费时间"是犹太生意经之一。

在金钱主宰一切的社会中，也许有人会认为"时间就是金钱"，但时间远不只是商品和金钱，时间是生活，是生命。因为时间是有限的，金钱是无限的，用有限的时间去追逐无限的金钱，结果只能受到时间和金钱的双重压迫。此外，钱可以再赚，商品可以再造，可时间是不能重复的。因此，时间远比商品和金钱宝贵。

犹太钻石商巴奈·巴纳特能够成为南非首富之一，一个重要的原因就是他视时间为商品，把银行的时间"卖"了，并且"卖"出了好价钱。

初到南非，巴纳特是一个从事矿藏资源买卖的经纪人，每个星期六都是他赚钱最多的日子，因为这一天银行停业较早，他可以尽兴地开出空头支票购买钻石，然后在星期一银行开门之前售出钻石，以所得现金支付货款。

巴纳特就这样把银行星期天停业的时间给卖了。这一天，去银行要求兑付的人会被银行"暂缓付款"的一句话挡回，空头支票不会被打回来。

他要做的事情，就是在每个星期一的早上给自己的账号存入足够多的钱，以兑付他星期六所开出的支票。他这种拖延付款的办法，没有侵犯任何人的合法权利，调动了远比他实际拥有的资金多得多的资金。

让人尤其敬佩的是，巴纳特让持有空头支票的钻石卖主总是在星期一上午就收回了全部货款。

创业初期如果没有这么一招，巴纳特永远只是一文不名的巴纳特，绝对不会跻身世界富翁排行榜。

商业竞争最终就是时间上的竞争，谁能够更合理有效地安排时间，谁就能够在激烈的竞争中脱颖而出，获得最后的胜利。

勿盗窃时间

在犹太人看来，时间和商品一样，是赚钱的资本，因此盗窃了时间，就等于盗窃了商品，也就是盗窃了金钱。

犹太人把时间看得十分重要，在工作中也往往以秒来计算时间。一旦规定了工作的时间，就严格遵守。下班的铃声一响，打字员即使只有几个字就可以打完，他们也会立即搁下工作回家。因为，他们的理由是"我在工作时间没有随便浪费一秒钟，因此我也不能浪费属于我的时间"。

瞧！这就是犹太人的时间观念。

他们把时间和金钱看得一样重要，无缘无故地浪费时间和盗窃别人金柜里的金钱一样是罪恶的事情。一个犹太富商曾经这样计算过：他每天的工资为 8000 美元，那么每分钟约合 17 美元，假如他被打扰而因此浪费了 5 分钟时间，这样就等于自己被盗窃现款 85 美元。

犹太人的思想观念里，时间是如此重要，千万不可以随便浪费。而作为一个商人，想要赚钱，首先也要考虑好如何合理地安排好时间。

正因为对时间有了这样一种认识，犹太人在做生意也好，工作也好，对时间的使用极为精打细算。

所以，犹太人在商业活动中非常注意时间安排。公司每天上班开始的一小时内，是所谓的"发布命令时间"，将昨天下班后至今天上午上班前所接到的一切业务往来的材料或事务处理或做出具体安排。在这段时间里，不允许任何外人的打扰。而外人即使是商业上的联系，也必须事先约定。"不速之客"在犹太人的商务活动中，几乎等于"不受欢迎的人"。因为不速之客会打乱原先的时间安排，也会浪费大家的时间。

日本某著名百货公司宣传部的一位年轻职员，曾经为了进行市场调查，来到纽约市。当他想到自己应该有效地运用自由时间，就直接跑到纽约某个著名犹太人的百货店，贸然叩开了该公司宣传部主任办公室的大门，向门房小姐说明来意。

门房小姐问："请问先生您事先预约好时间了吗？"这位青年微微一愣，但马上滔滔不绝地说："我是日本某百货店的职员，这次来纽约考察，特意利用空闲时间，来拜访贵公司的宣传部主任……"

"对不起，先生！"小姐打断了他的话说。

就这样，这位职员被拒之于冰冷的大门之外。

这位职员利用闲暇之余，主动地访问同行人，从某个角度看，应该值得表扬。但犹太人不假思索地拒绝了他，为什么呢？这仍然和"盗窃时间"的警言有关。对于贯彻"时间就是金钱"的犹太人来说，在工作时间里，放弃几分钟而跟一个根本没有把握的"不速之客"去谈判，是根本不可想象的。犹太人从来不做没有把握的生意，因此，"不速之客"在犹太人看来是妨碍他们工作的绊脚石。只有拒绝他，才能让自己的工作畅通无阻，直奔"时间就是金钱"的主题。

现在来看看犹太巨商摩根是如何有效利用时间的。

摩根的办公室和其他人的办公室是连接在一起的。摩根这样做就是为了经理们有什么需要请示的事情，他直接就在现场告诉他怎样处理哪个问题。如果工厂出现了什么问题，也可以直接来找他解决问题，他不会让问题随便拖延哪怕一分钟。

摩根和人会面的时候，就是犹太人这种处理方式。他直接地问你有什么事情要处理，他一般简明扼要地交代三两句，就把来人打发了。他的经理们都知道他的这种作风，于是给他汇报工作的时候，都必须干净利落地说明问题，任何含糊和拖泥带水的行为都会遭到他严厉的批评。他也很少和人客套寒暄，除非是某个十分重要的人物来了，他才说几句客套的话。但他有个原则就是与任何人的聊天时间不超过 5 分钟，即使是总统来了，他也一样对待。

商业竞争就是时间的竞争。学会合理有效地安排时间，这是商人最大的智慧。

抢占市场先机

　　美国著名的犹太实业家，同时又被誉为政治家和哲人的伯纳德·巴鲁克在30出头的时候就成为百万富翁。他在1916年时被威尔逊总统任命为"国防委员会"顾问，还有"原材料、矿物和金属管理委员会"主席。以后又担任"军火工业委员会主席"。1946年，巴鲁克担任了美国驻联合国原子能委员会的代表，并提出过一个著名的"巴鲁克计划"，即建立一个国际权威机构，以控制原子能的使用和检查所有的原子能设施。巴鲁克一生都受到普遍的尊重。

　　创业伊始，巴鲁克也是颇为不易的。但他就是具有犹太人所特有的那种对信息的敏感，使他一夜之间发了大财。

　　1898年7月的一天晚上，28岁的巴鲁克正和父母一起待在家里。忽然，广播里传来消息，西班牙舰队在圣地亚哥被美国海军消灭，这意味着美西战争即将结束。

　　这天正好是星期天，第二天是星期一。按照常例，美国的证券交易所在星期一都是关门的，但伦敦的交易所则照常营业。巴鲁克立刻意识到，如果他能在黎明前赶到自己的办公室，那么就能发一笔大财。

　　在这个小汽车尚未问世的年代，火车在夜间又停止运行。在这种似乎束手无策的情况下，巴鲁克却想出了一个绝妙的主意：

他赶到火车站，租了一列专车，终于在黎明前赶到了自己的办公室，在其他投资者尚未"醒"来之前，他就做成了几笔大交易，他成功了！

　　巴鲁克在获得信息的时间上，并不占先机，但在如何从这一新闻中解析出自己有用的信息，据此做出决策，并采取相应的行动上，巴鲁克确确实实地占据了先机。巴鲁克不无得意地回忆自己多次使用类似手法都大获成功时，将这种金融技巧的创制权归之于罗斯柴尔德家族，但显然，在对信息的"理性算计"中，他是青出于蓝而胜于蓝的。

第十三章
谈判——无烟的战争

知己知彼，百战不殆

谈判前，多搜集对手的重要情报，就可以在谈判过程中始终掌握着主动，也可以借侧面谈判的方式向对方推销自己。

基辛格当年只是哈佛大学的教授和内阁顾问，但他的目的是要进入政界，而顾问显然不能满足他的愿望。

基辛格寻找的机会终于来临了。

新一轮的总统竞选即将开始，而当时美国正陷在越战的泥沼之中。为了摆脱困境，美国政府已与越南在巴黎进行秘密和谈。而谈判的内容是高度机密的。但和谈对下届总统竞选至关重要。许多人都想知道其中秘密，而总统候选人尼克松对此更是望眼欲穿。

基辛格猜准了尼克松的心意，想到自己有位朋友可以获得和谈的内幕消息，他借此与尼克松进行了秘密接触。

在基辛格朋友的帮助下，和谈的内幕消息终于弄到手了。

凭着这些准确情报，尼克松大选前几日所发表的谈话没有犯下任何错误。基辛格提供情报的内容和时机，使尼克松获得极佳的公众反响和喝彩。

尼克松竞选成功，当选总统，自然对这位犹太人欣赏有加，最后，基辛格如愿以偿地步入了政界。

在犹太人看来，谈判绝不仅仅是双方坐在谈判桌前面对面地交换意见或讨价还价，它更是一幕精心策划的戏剧，没有准备是不可能胜利的。

选择适宜的谈判时机

谈生意要选择好的时机，这对犹太人来说是很讲究的。事实也是如此，有很多生意谈判之所以没成功，并不是因为它们不好，也不是因为执行不到位，而是执行的人没有选择适当的时机。

选择时机在谈生意中比其他任何的因素都更为重要，它在整个谈判过程中都发挥着举足轻重的作用：我们应该何时与对方谈判？我们在什么时候向对方提出这个要求最为合适？在这个阶段能不能向对方施加压力？谈判到了现在可以结束了吗？每一个进程都要在良好的时机下步步为营，时机把握不牢，你可能还没开始与对方谈生意就已遭到失败；也许本来你很快就可以与对方达成协议了，但因为你没有把握住时机，你不得不继续同他讨价还价，由此你的利益又受到了损失……所以，时机的选择能够帮助你赢得生意的谈判。

许多谈生意者取消表面上对他非常有利的交易，其原因仅仅是他们选择的时机不当。如果有人对一项规划或一笔交易表示反对，这并不一定是因为他不喜欢这个规划或这笔交易，很可能只不过是因为你所不知道的经济原因或其他内部原因，对于那个特定的人、那种特定的环境和那个特定的时间而言，那样的主意行不通而已。不过，如果你相信一项主意，并且相信这项主意对某位特定顾客是有意义的，那你就去访问他，告诉他你的主意。但要花一个比较有利的时间提出来，你才会因此取得成效。当你把谈生意工作中的一切有关时机选择和难以捉摸的事情结合在一起时，正确的或恰当的时机选择，也许就只需要靠你打个电话去试试看了。几乎任何一项交易，不论是一笔简单的买卖或是一系列复杂的行为，都会发出它特有的感觉信号，任何人都可摄取。

虽然在谈生意过程中你可以控制时机，但你应当从对方那里得到行动的提示。要达到这个目的，你应该做的是倾听而不是说，而且要真正听取对方告诉你的话，并且善于理解它。其实这一点，我们曾多次提到并强调。只要你的问题提得恰当，你就可以获得许多有关时机选择的线索。

犹太商人认为要想在生意的谈判中选择最好的时机出手，必须切记以下三条基本的原则：

一、别轻易脱口而出。对于任何一项提议，应当先花时间去考虑，看看当时的形势是否需要某种时机的选择，或者你是否可以利用时机的选择得到好处。在没有考虑清楚时，不要轻易地给什么答复。任何一次谈生意，它的实际情况，包括性质、复杂性以及在进行中所获知的某些信息，都能帮助你了解什么是时机，

这个信息要与常识一起应用。

假如你对你的对手一无所知，那么，进行一笔交易的谈判所要花的时间，显然会长一些。如果对方被你一开始所做的那段介绍词所打动，那你再次介绍之前，最好同他交换一些意见。如果你知道对方接受交易的过程需要历时数月，就不要试图在几个星期之后迫使他做出承诺。

二、别失去耐心。我们常常受着要求立刻得到满足这一欲望的驱使，公司的环境似乎更加强调了这种冲动。接着干下一件事吧，这会减少一件令人烦心的事，也会令你在这件事上失去耐心。

然而，实际上即使我们能使别人照我们的意思行事，也难以做到让他们照我们的进度行事。人和事物总是按照他们自己的节拍运动，几乎从来不会照我们的时间表来行事。所以，我们应该延缓追求瞬间能力，调整自己的时间表以配合别人的时间表。对于谈生意者而言，有关时机选择的各个方面，实在没有比耐心更重要的东西了。坚持不懈，正如通常所理解的那样，谈生意的数字游戏在于你向对方提出了多少要求，又多少次耐心地向他们重复要

求。耐心和坚持不懈是谈生意的基本信条。

三、不要懈怠。在得到对方承诺时，谈生意的时机与何时应说什么话、做什么事同样重要。大脑通过感官直觉计算出通过分析思维不可能得到的答案，时机的选择就是要把这些感官直觉转换为有意识的行动或有意识的静默。如果你把这份时间表想象为一笔交易的"全部时间"，或者想象为独立于该项生意之外，上述的转换过程就不费力了。

大多数交易似乎都有一个秘密的期限，它总是按照一种预定的程序和进度进行的。一次谈生意需要花费的时间，可以是几小时，也可以是几天、几月甚至几年。每一个阶段的时机选择通常是显而易见的，正确的时机选择就是依计行事，该做什么就做什么，该怎么做就怎么做。有些人在了解谈生意的必需程序后，就想寻找捷径。因为急于成交，他们总想压缩时间，或删掉某些程序，他们看见了适当的时机选择的标记却置若罔闻，没有对形势做适当的诱导，他们必然会给谈生意写下不愉快的结局。

到了出手的最佳时机我们应该出手时就出手，

同样，该谈生意时就谈生意。最好的谈生意时机找到了，接下来的问题是应如何用好它，利用它摧垮对手，在最后签订的协议上获得最大的利益。切记不要把最好的时机弃之一旁，让它无用武之地！要在谈生意过程中选择适当的时机并不是一件容易的事，其实，每天都会有许多意想不到的时机出现在你面前，你并不一定要成为能预知这些良机的先知，但你却必须敏感地对这些良机的重要性做出及时反应，引导事情朝着对你有利的方向发展，也就是说，你要会利用时机。

那么，应该如何利用谈生意的最好时机做好事呢？

首先，利用别人愉快的时机。延长、续订或重新签订合同时，千万不要在这份合同即将期满的时候去做，就如同要与对方达成于己优惠的交易要趁对方高兴时一样，你应该选择对方愉快时去延长或者续订合同。如果对方得到某个好消息，即使它与你无关，但这就为你提供了一个良好的时机，这时去向他提要求，大多会畅通无阻。

其次，利用别人倒霉的时机。别人倒霉或不幸的时机，能为你创造各种各样的机会，正如你应该趁当事人最愉快的时候来续订合同一样，你就应该在这个可能成为买主的人对你的竞争对手最感不满时跟他达成一份合同。

再次，你最好的交易对象是刚上任或快下台的人。新上任的人急于干些事，使自己出名，而他通常又被赋予充分的行动自由；即将离任的人，因为自己将不再为这样一些头痛的事四方奔走，也不再斤斤计较。并且运用非常时机的选择。在非上班时间、深夜或周末期间打电话，往往会有较大的效果。

最后，花时间去缓和威胁，并且利用忙人的注意力。比较繁忙的人，他注意力不会长时间地停留在某个问题上，所以你必须告诉他你的想法。少说多听，否则你只会引起别人的抵触。

此外，还要对事情的轻重缓急有个清楚认识。如果你讨论的问题很多，或者你要使对方接受的主意和项目很多，那就一定要为最重要的问题留下充分的谈判时间。千万不要把自己搞得相当紧张"我能再占用几分钟吗？我的主要意见还没有说"的境地。有时机，却不会充分利用，仍然对谈生意不在行！这是犹太商人的忠告。

掌握谈判技巧

犹太商人心里明白收账时不能始终唱一个调子，要见什么人唱什么歌，也就是说，到什么庙念什么经。债务人面前也应如此，因人而异制定讨债策略。

要对"强硬型"债务人进行沉默策略。态度傲慢是这种债务人最突出的特点，这种债务人，希望对方主动还债是枉费心机，讨债要想取得理想效果，需在策略上想办法。总的指导思想是，避其锋芒，改变其认识，以尽量保护自己利益。具体操作如下：

一、沉默策略。沉默是指在讨债时，观看对方态度而保持沉默。这种策略对待态度"强硬型"对手算是可取的方法之一。上乘的沉默策略会从心理上打击对方、造成对方心理恐慌，使对方不知所措，甚至乱了方寸，从而达到削弱对方力量的目的。沉默策略要注意审时度势、灵活运用，运用不当，效果会适得其反。如一直沉默不语，债务人会认为你是慑服于他的恐吓，反而增添了债务人拖欠的欲望。

二、软硬兼施策略。这个策略是指将讨债班子分成两部分，其中一个成员扮演硬性角色即鹰派，鹰派在讨债的初期阶段起主导作用；另一个成员扮演温和的角色即鸽派，鸽派在讨债的结尾扮演主角。这种策略是讨债中常见的策略，而且在多数情况下能够奏效。因为它利用了人们避免冲突的心理弱点。

如何运用此项策略呢？在与债务人刚接触并了解债务人心态后，担任强硬型角色的债权人员，毫不保留地果断地提出还款要求，并坚持不放，必要时带一点儿疯狂，酌量情势，表现一点儿吓唬人的情绪行为。此时，承担温和角色的讨债人员则保持沉默，观察债务人的反应，寻找解决问题的办法。等到空气十分紧张时，鸽派角色出台缓和局面，一面劝阻自己伙伴，另一方面平静而明确地指出，这种局面的形成与债务人也有关系，最后建议双方都做让步，促成还款协议或只要求债务人立即还清欠款、放弃利息、索款费用等要求。需要指出的是，在讨债实践中，充当鹰派角色的人，在耍威风时应紧扣"无理拖欠"这份儿理，切忌无中生有，胡搅蛮缠。此外，鹰、鸽派角色配合要默契。

霍华·休斯是美国的大富豪之一，性情古怪，易怒。他曾经为大批购买飞机一事与飞机制造厂谈判。休斯事先列出了34项要求，对于其中的几项要求是非满足不可的。休斯亲自出马与飞机制造厂进行谈判。由于休斯脾气暴躁，态度强硬，致使对方很气愤，谈判充满着对抗性。双方都坚持自己的要求，互不让步。休斯蛮横的态度，使对方忍无可忍，谈判陷入僵局。

事后，休斯感到自己没有可能再和对方坐在同一个谈判桌上了，他也意识到他的脾气不适合这场商战谈判。于是他选派了一位性格较温和又很机智的人做他的代理去和飞机厂代表谈判。他对代理人说："只要能争取到那几项非得利不可的要求，那我就满足了。"出人意料的是，这位谈判代表经过一轮谈判后就争取到了休斯所列出的 34 项要求中的 30 项，这其中自然包括那几项必不可少的要求。休斯惊奇地问那位谈判代理人，靠什么武器赢得了这场谈判的。他的代理人回答说："这很简单，因为每到相持不下的时候，我都问对方'你到底希望与我解决这个问题，还是留待霍华·休斯跟你们解决？'结果对方无不接受我的要求。"

　　这诙谐幽默的回答恰恰是解决问题的关键所在，有了前面强硬的霍华·休斯作为对比，这个较温和的代理人便显得"慈眉善目"了，接下来的问题理所当然地进展顺利。软硬兼施，达到的目的只有一个，即取得谈判的成功。

　　对付"阴谋型"债务人采取"车轮式"策略。公司之间经济往来应以相互信任、相互协作为基础进行公平交易。但在实践中，有些人为了满足自身的利益与欲望，常利用一些诡计或借口拖欠一方债务，甚至是"要钱没有，要命一条"的无赖样。下面介绍几种对付策略：

　　一、反"车轮战"策略。此处的"车轮战术"是指债务人一方采用不断更换接待人员的方法，达到使债权人精疲力竭，从而迫使其做出某种让步目的。对付这种战术的策略是：

及时揭穿债务人的诡计，敦促其停止车轮战术的运用；

对更换的工作人员置之不理，可听其陈述而不做表述，这可挫其锐气；

对原经办人施加压力，采用各种手段使其不得安宁，以促其主动还款；

紧随债务公司的负责人，不给其躲避的机会。

二、"兵临城下"策略。这种策略是对债务人采取大胆的胁迫，看对方如何反应。这一策略虽然具冒险性，但对于"阴谋型"的债务人时常有效。因为债务人本身想占用资金，无故拖欠，一旦被识破诡计，一般情况下会打击他们的士气，从而迫使其改变态度。

例如，对一笔数额较大的货款，债权人派出十多名讨债人员到债务公司索款，使其办公室挤满了债权人公司的职工。这种做法必然会迫使债务人尽力还款。

三、对"合作型"债务人的策略。"合作型"债务人是讨债实践中人们最愿接受的。因为他们的最突出特点是合作意识强，能给双方带来皆大欢喜的局面。所以对付"合作型"债务人的策略思想是互利互惠。

假设条件策略。即在讨债过程中，向债务人提出一些假设条件，用来探知对方的意向。由于这种做法比较灵活，索款在轻松的气氛中进行，有利于双方在互利互惠基础上达成协作协议。例如："假如我方再供货一倍，你们前面的款还多少？""每月还款

10 万元，再送货 2 吨棉纱怎样？"需要指出的是，假设条件的提出要分清阶段，不能没听债务人意见就过早假设。这会使债务人在没有商量之前就气馁或使其有机可乘。因此，假设条件的提出应在了解债务人的打算和意见的基础上。

私下接触策略。债权公司的讨债人员或业务员有意识地利用空闲时间，主动与债务人一起聊天、娱乐，目的是增进了解、联络感情、建立友谊，从侧面促进讨债的顺利进行。

四、对待"感情型"债务人的策略。在国内公司中最常见的人是属于"感情型"，这种性格往往很容易接受。其实在某种程度上，"感情型"的债务人比"强硬型"债务人更难对付。"强硬型"债务人容易引起债权人警惕，而"感情型"债务人则容易被人忽视。因为"感情型"性格的人在谈话中十分随和，能迎合对手兴趣，能够在不知不觉中把人说服。为了有效地对付"感情型"性格的债务人,必须利用他们的特点及弱点制定相应策略。

"感情型"性格的人一般特点是与人友善、富有同情心,专注于单一的具体工作,不适应冲突气氛,对进攻和粗暴的态度一般是回避的。商谈时,柔弱胜于刚强。因此,要训练自己培养一种"谦虚"习惯,多说"我们公司很困难,请你支持""我们面临停产的可能""拖欠货款时间太长了,请你考虑解决""能不能照顾我们厂一些"等。由于"感情型"的人性格特点,会考虑还款。

恭维策略。"感情型"的债务人有时为了顾及"人缘"而不惜代价,希望得到债权人的承认,受到外界的认可,同时也希望债权方了解自身公司的困难。因此,债权公司讨债人员要说出一些让债务人高兴的赞美话,这些对于具有"感情型"性格的人非常奏效。如"现在各公司资金都困难,你们厂能搞得这么好,全在你们这些领导"。"像你们这个行业垮掉不少了,你们还能挺过来,很不错。""你们对我们厂支持,我们厂是公认的。"

选择进攻策略。在不失礼节的前提下保持进攻态度:在索款一开始就创造一种公事公办的气氛,不与对方打得火热,在感情方面保持适当的距离。与此同时,就对方的还款意见提出反问,以引起争论。如"拖欠这么长时间,利息谁承担"等。这样就会使对方感到紧张,但不要激怒对方。因为债务人情绪不稳定,就会主动回击,他们一旦撕破脸面,债权人很难再指望商谈取得结果。

五、对待"固执型"债务人的策略。"固执型"的债务人在讨债中也常会遇到。这些人最突出的特点就是坚持所认定的观点，有一种坚持到底的精神。这种人对新的主张、建议很反感，需要不断得到上级的认可、指示，喜欢照章办事。

试探策略。这一策略是用以摸清"敌情"的常用手段，其方式是观察对方反应，以此分析其虚实真假和真正意图。如提出对对方不利的还款计划，如果债务人反应尖锐，那就可以采取其他方式讨债（如起诉），如果反应温和就说明有余地。运用这一策略，还可以试探固定接待或谈判人的权限范围。对权力有限的，可采取速战速决的方法。因为他是上司意图的忠实执行者，不会超越上级给予的权限。所以在讨债商谈中，不要与这种人浪费时间，应越过他，直接找到其上级谈话。对权力较大的"固执型"公司负责人，则可以采取冷热战术。一方面以某种借口制造冲突，或是利用多种形式向对方施压力，另一方面想方设法恢复常态，适当时可以赞扬对手的审慎和细心。总之通过软磨硬泡的方法达成让对方改变原来想法或观点的目的。

先例策略。"固执型"债务人所坚持的观点不是不可改变，而是不易改变。认识不到这一点，你的提议就会被限制住。为了使债务人转向，不妨试用先例的力量影响他、触动他。例如，向债务人公司出示其他债务人早已成为事实的还款协议，法院为其执行完毕的判决、调解书等。

六、对待"虚荣型"债务人的策略。虚荣，人皆有之，其特点是：自我意识较强，喜欢表现自己，对别人的暗示很敏感。要善于利用其本身的弱点，以熟悉的事物展开话题。与"虚荣型"债务人谈索款，以他熟悉的东西为谈话内容，效果一般比较明显，这样做对方有了自我表现的机会，同时对手的爱好和有关资料也得到了解，但要注意到虚荣者表现出来的虚假言行，谨防上当。

顾全面子策略。可事先从侧面提出索款要求，在人多或公共场合尽可能不说讨债的事，从而满足其虚荣。不要相信激烈的人身攻击将使对方屈服，要多替对方想想，顾全对方的面子，同时把顾全面子的做法让债务人知道。当然，如果债务人躲债、赖债，则可利用其要面子的特点，针锋相对。

制约策略。"虚荣型"最大一个弱点是浮夸。因此债权人都存在戒心，为了免受浮夸之害，在讨债谈话中，对"虚荣型"的承诺应该记录下来，最好要他本人以公司的名义书面承诺。对达成的还款协议当时就立字为据。要特别明确奖罚条款，预防他找借口否认。

做好谈判记录

犹太人都有一个习惯，每次抽完烟后并不把烟盒扔掉，而是把烟盒里的锡箔纸抽出来，在背面做记录。

别小看这个小习惯，人常说"好记性不如烂笔头"。经常把一些重要的事记录在锡纸上，等到回家的时候再整理一下，就成了一个整齐的记事本。对于犹太人的这一习惯有这样一个故事：

一个犹太人与一个日本人谈判做生意。交货日期定好了是7月1日，日本人交货，犹太人交钱。可是日本人没有按时交货，犹太人前去找他理论，日本人本想抵赖，说道："好像谈判时交货日期定的是某月某日，先生你记得有误吧？"

可是犹太人从上衣兜里掏出香烟的锡纸，然后指着上面的字说："你记错了！我这上面记得非常准确，就是今天！锡纸背面的记录就是我的原则。而且我们是有合同的，你不能按时交货，那么只能赔偿我的损失了。"日本人无可奈何，只好赔偿犹太人所有的损失。

犹太人虽然没有从日本人那里得到他想要的货，但是他从日本人那里得到了比那些货物价值更多的赔偿。

爱做记录是犹太人的特点，这样做有利于整理自己的思维，让自己的思维在谈判中更加严谨，更加有秩序。当你和别人交谈的时候，没有广博的知识是不行的。知识要在日常生活中一点一点地积累，知识可以开阔你的视野，可以帮助你从更多的角度看待事物，以选择解决问题的最佳途径。把知识和一些重要的事记在你香烟的锡纸上，是一种不错的方法。

第十四章

诚信——契约的子民

以诚相待取信于人

纵横五大洲，经商数千年，很少有犹太商人坑蒙拐骗的事例，他们一般不经营假冒伪劣产品，不做短斤少两的事，他们以诚信经商立世。

犹太商人的诚信，一来自于其宗教文化，《塔木德》中有许多关于贸易活动中诚信原则的规定；二来自其远见卓识，作为一种弱势群体存在，如果不守诚信，犹太共同体必定早已消失。

当然，犹太文化中的诚信与我们中国文化中的诚信有相当大的区别，比如对投机钻营，他们并不以为欺。从根本上讲，犹太商人所推崇的"诚"是一个实用的"诚"。

英国最有名的百货公司是"马克斯－斯宾塞百货公司"，这家百货公司是由一对犹太亲兄弟西蒙·马克斯和西夫·马克斯创立的。

马克斯兄弟的父亲米歇尔于1882年从俄国移居英国，最初是个小贩，后来在利兹市场上开了个铺子，以后逐渐发展为专卖廉价商品的连锁店。米歇尔于1964年去世，西蒙和西夫将这些连锁店进一步发展成资金更加雄厚、货物更加齐全、具有类似超级市场功能的连锁廉价购物商场。

马克斯－斯宾赛百货公司，虽以廉价为特色，但非常注重质量，真正做到了价廉物美。原来从人们的衣服穿着上可以区分不同的社会阶层，但由于马克斯－斯宾塞百货公司以低廉的价格提供制作考究的服装，使得人们不用花很多的钱就可以穿得像个绅士或淑女，以前那种以"貌"取人的价值观念也随之发生了根本动摇。现在在英国，该公司的商标"圣米歇尔"成了一种优质品的标记。一件"圣米歇尔"牌衬衫是以尽可能低的价格所能买到的最优质的商品。

马克斯－斯宾塞百货公司不仅为顾客提供满意的商品，还提供最好的服务。该公司售货员的礼貌服务，能够在素以彬彬有礼闻名的英国成为一个典范足以说明该公司"顾客至上"的宗旨。马克斯兄弟在挑选职员时，就像挑选所经营的商品一样一丝不苟，他们认为只有高素质的员工才能真正使公司成为购物者的天堂。

马克斯兄弟在让顾客满意的同时，还做到了让职工也满意。他们对职工要求极高，但为职工提供的工作条件在全行业中也属于最好的，职工的工资也最高，还为职工设立保健和牙病防治所。由于有这些优越条件作为后盾，职工才有可能毫无怨言地充分贯彻公司的宗旨。因此，马克斯－斯宾塞百货公司被人称为"一个私立的福利国家"。

马克斯兄弟为顾客和职工想得这么周到，公司的经营情况被普遍认为是国内同行业中最有效率的企业，并吸引来大量的投资者。

与马克斯－斯宾塞百货公司同为百货零售企业的希尔斯·罗巴克百货公司采取的也是同样的经营宗旨，甚至在对待顾客和职工的优惠方面更有过之，并将这种恩泽施向整个社会，做到了与整个社会的和谐共存。

朱利叶斯·罗森杰尔德是通过投资而担任希尔斯·罗巴克公司总裁的，他是一个德国移民的儿子，曾在叔叔的百货公司工作。后来希尔斯·罗巴克公司融资的时候，他以 37500 美元的投资，约占融资总额的 1/4，进入了公司董事会。1910 年担任公司总裁，也就是公司的创立人理查德·希尔斯退休的时候，罗巴克百货公司已成为北美最大的企业之一，每年收益为 5 亿美元。

罗森杰尔德也以价廉物美为其经营宗旨。公司销售的商品有许多都是企业集团自行生产的，因此成本可以降低，而质量也得到了保证。但希尔斯·罗巴克百货公司的真正本钱，还是罗森杰尔德制定的一条规定：不满意，可以退货。这是商业最高道德的最实在体现。现在已经是许多商店的标榜，但在当时却是闻所未闻的。罗森杰尔德就是第一个将商业信誉提到了这样高度的人。

希尔斯·罗巴克百货公司以其商品质量、价格、信誉还有对市场的精确预测，得到了消费者的广泛欢迎，公司的商品目录在罗森杰尔德逝世前已发行了 4000 万册，几乎每个北美家庭都可以见到。观察家认为，这一连续出版的商品目录几乎构成了北美的一部社会史，从中可以探视到人们审美趣味和愿望的发展，而这种发展中有相当一部分是由希尔斯·罗巴克公司预测到甚至造就的。

希尔斯·罗巴克百货公司经营良好，赢利丰厚。罗森杰尔德最初投资 37500 美元，30 年后其资产达到了 1.5 亿美元。在这样的财力支持下，罗森杰尔德广泛从事慈善活动，他曾为 28 个城市的"基督教青年联合会"和南方的一些贫困地区建立乡村学校提供资助，为解决芝加哥黑人的住房问题出资 270 万美元。另外，他还分别为芝加哥大学，芝加哥科学和工业博物馆捐赠了 500 万美元。1917 年，他创立了拥有 3000 万美元基金的"朱利叶斯·罗森杰尔德基金会"，并规定基金的本利必须在他去世之后的 25 年内用完。

由于犹太人在很长的时间居无定所，所以他们已经习惯了四处漂泊的生涯。由此他们相信，不管他们生活在哪里，就应该在哪里生根。他们不但要在当地靠诚信经商，在生意上取得别人的认同，更要与当地的非犹太居民和谐相处，有时甚至不惜用自己的财富和实业去帮助当地的居民。他们相信，只要他们以诚相待，取信于人，他们必定会拥有很多朋友。

诚信为本，一诺千金

做生意最大的痛苦是不被人相信。因此，取信于人是人生的要事。如何才能取信于人呢？诚信第一，这是取信于人的起码要求，在犹太人的商旅生涯中，他们遭受到一些无端的打击和歧视，也遇到过无数工于心计的谎言或圈套，但他们始终对上帝的教诲深信不疑：遵守约定，诚实为人，死后才可以升入天堂。

在商海中，他们有更为深刻的体会：取得别人的信任是交易顺利完成的基础。犹太人对契约恪守，但他们不千篇一律地签订书面的合同，他们往往只在口头上做出非正式承诺，非书面的协议，只要他们双方接受，他们就会不折不扣地按照约定去办事，犹太人重信守约的这种美德为他们赢得了美誉。

在具体的商业交易中，《塔木德》中规定了许多规则，严格禁止那些充满欺骗性的推销或宣传手段。比如：不能刻意把奴隶装扮起来，使其看起来更年轻、健壮，更不能把家畜涂上颜色来蒙骗顾客；并且货主有向顾客全面客观地介绍所卖商品的质量的义务，如果顾客发现商品有事先未得到说明的问题，则有权要求退货；而在定价方面，尽管当时没有标准统一的价格，这需要双方自行商定一个合理的价格，但一般来说商品多少还保持在一定的价位上，因此，如果卖主欺骗买主不知情，使商定价格高出一般水平的10％以上，则规定此交易无效。这些规定在现在看来也许是再平常不过了，但是《塔木德》形成于世界大多数民族还处在农耕社会的时期，它能预见将来社会以商业和贸易为主，并阐述这些诚信经商的道理，这是极富先见之明的。

犹太商人从不做"一锤子买卖"，那种"只要每个人上我一次当，我就可以发财了"的想法在他们看来无疑是自取灭亡。按理说，犹太人没有自己的家园，被人到处驱来驱去，就很容易在生意场甚至在与人交往中形成"打一枪，换一个地方"的短期策略和流寇战术，而实际上犹太人绝少有这种劣迹，而且是信誉卓著，其经营的商品或服务也都属上乘佳品，从不以次充好。除了犹太商人的文化背景，如以"上帝的选民"自居，有重信守约的传统外，更有其民族在流动不定的生存状态与商业活动的规律之结合中，悟出了什么才是真正的经商之道。

犹太商人对犹太人生活在哪里，就应该在哪里生根的信条坚信不疑。

他们不但经商有信誉，更与非犹太人和谐相处，甚至竭尽全力去帮助和庇护犹太同胞或非犹太人，他们认为只有诚信相待，取信于人，犹太人才会交上真正的朋友，而不是四面树敌。

信用是无形的财富

在这个世界上，有的财富是有形的，伸手可及，比如别墅、私车、存款等；有的财富却是无形的，比如名声、信用和口碑。《犹太商法》认为，要想成为一个富人，首先得遵守信用，因为信用是一笔无形的财富，信用是口碑的体现。可想而知，一个口碑不好、信用败坏的人，本身就不能赢得他人的好感，更别说博取他人的信任了。所以，无论对商人，还是普通群众，一定要注重自己的信用。

曾经有一个叫凯伦的犹太人，有一年，他向友人借了40万元，没有财产担保，也没有存单抵押，只有一句话："相信我，年底无论如何都还你。"

到了年底，他的资金周转非常困难，外债催不回来，欠款又催得紧。为了还朋友这40万元，他绞尽脑汁才筹足20万元，余下的20万元怎么也筹不到。怎么办？老婆劝他向朋友求情，宽限两个月，凯伦摇摇头，公司里的"高参"给他出主意说：反正你朋友也不急用钱，等账户上有了钱再支付。凯伦勃然大怒，呵斥这位"高参"是没有信用的人，并毫不犹豫地辞退了这位跟他多年的搭档。最后他决定用自家的私房去抵押贷款，但银行评估房屋价值24万，只能抵押18万元。凯伦横下一条心，与老婆郑重商量后，把房子以20万元低价卖出去，终于筹齐了40万元。一家人再到市郊租了间房子住。

朋友如期收回了借款，星期天准备约一帮人到凯伦家里去玩，却被他委婉地拒绝了，朋友不明白平日豪爽的凯伦为何变得如此无情，便一人驱车前去问个究竟。当朋友费尽周折才在一间农舍里找到凯伦时，他的眼睛湿润了。他紧紧地拥抱着凯伦，一个劲地点头，临别时掷地有声地留下一句话："你是最讲信用的人，今后有困难尽管找我！"

第二年，凯伦的公司陆续收回了欠款，生意做得红红火火，他又买了新房，添了小车。然而天有不测风云，正当他在商场上大展拳脚时，却被一家跨国公司盯上了。那家公司千方百计挤占他的市场，并勾结其他公司骗取他的货款。凯伦的公司遭受了沉重的打击，公司垮了，车子卖了，房子押了，他破产了，不仅一无所有，而且负债累累。

凯伦想重整旗鼓，但是巧妇难为无米之炊，他想贷款，却没有担保人和抵押物。在他走投无路的时候，又想起那位曾经借钱给他的朋友，他带着试一试的心理，找到了朋友。朋友没有嫌弃落魄的他，不顾家人的反对，毅然再借给他40万元。他有些颤抖地捧着支票，咬咬牙，坚定地说："最多两年，我一定还你！"

曾经溺过水的凯伦再到商海里搏击，自然会小心谨慎，而又遇乱不惊。他又成功了，两年后不仅还清了债务，而且还赚了一大笔钱。每当有人问他，怎样起死回生时，他便郑重地告诉对方："是信用！"

由此可见，为人处世，不能没有信用，做生意也同样需要有信誉。一个没有信用的人，就好比墙上的芦苇，终究站不住脚跟。而一个有信用的人，不论你处在什么环境下，因为你有"重信守用"的好名声，别人自然会格外地相信你。这样，你在无形之中就为自己积累了一笔巨大的财富。

人无信则不立

《塔木德》记载了这样一个故事：

一姑娘外出游玩，不小心掉进了井中，正巧遇到一个青年人路过，将她从井中救了出来。姑娘为了报答救命之恩，就与他私订终身。

订下婚约后，却没有证婚人。恰好见到一只黄鼠狼，于是黄鼠狼和那口水井就成了他们的证婚人。

青年继续他的行程，而姑娘则回到家中开始等候。

正当姑娘还在痴心地等待时，那个青年却在异地结了婚，并且生了两个小孩。

没多久，青年的两个小孩，一个被黄鼠狼咬死，另一个则在井边玩耍掉进了井里。

这个时候的青年，想起了他和姑娘的订婚和证婚的黄鼠狼和井。他如梦初醒，和现在的妻子离了婚，回到了痴心等他的姑娘身边。

这个故事就是用来告诫人们不要背信弃义。一旦你置契约于不顾，那么你就会得到上帝给予的严厉惩罚。

在犹太人看来，诚实是支撑世界的三大支柱之一，另外两个是和平与公正。

犹太人认为诚信经商是商人最大的善，所以在犹太人的生意场上最为看重诚信。对于不诚信的人，他们是无法原谅的。在犹太人的内部，他们之间极为重视诚信，极为重视契约，一旦签订了就必须遵守，绝对不可以有任何理由不履行契约。

下面这个真实的例子也说明了诚信的重要性：

"棕色浆果烤炉"公司是美国一家知名的面包公司。公司的经营原则很简单，只有四个字：诚实无欺。公司标榜凡出卖的面包都是最新鲜的，硬性规定绝不卖超过三天的面包，已过期的面包由公司回收。

有一年秋天，公司所在州的部分地区发大水，导致那里的面包畅销，但公司照样按规定把超过三天的面包收回来，哪知车行至半路，抢购的人一拥而上。把车子团团围住，一定要买过期面包。但押车的运货员怎么也不肯卖。他哭丧着脸解释："不是我不卖，实在是老板规定得太严了。如果有人明知面包过期还卖给顾客就一律开除。"大家以为运货员要花招，就跟他激烈地争吵起来。

最后，一位在场的记者向运货员恳求："现在是非常时期，总不能让人们看着满车的面包忍饥挨饿吧！"运货员听之有理，凑到记者耳边悄悄地说："我是说什么也不卖的，但如果你们强买，我就没有责任了。你们把面包拿走，凭良心丢下几个线，反正公司是不会可惜一车过期面包的。"这么一说，一车面包很快被强行买光了。运货员趁机特意让记者拍了一个他阻止大家强拿面包的场面，以证明这不是他的责任。

这个故事，后来经新闻记者在报上大肆渲染，"烤炉"的面包给消费者留下了深刻的印象，顿时，公司声名鹊起。

"烤炉"公司以其诚信为自己赢得市场。

在犹太人的经商历史中，他们尤其注重契约的履行。别看他们在谈生意时斤斤计较，为了一点点的利益可以和对方争论不休。不过一旦与他们达成了某种协议，不管是书面上的还是口头上的，犹太人都会竭尽全力地去完成。有时候为了达成契约上面的要求，即使吃亏也照样完成。这是犹太人走遍世界各地都受到欢迎，让犹太人获得巨大财富的生命之源。

诚信是经商立足之本

美国华尔街金融巨头摩根的祖父，是一位犹太人，也是一位诚实守信的榜样，最初他经营了很多行业，后来，老摩根投资参加了一家叫"伊特那火灾"的小型保险公司。当时，保险业刚刚起步，不需要投资一分钱，只要在股东名册上签上姓名即可。投资者在期票上署名后，就能收到投保者交纳的手续费。

然而，在一次续约后，发生了一场特大火灾，投资者个个傻了眼，他们将面临这样巨额的赔偿，于是纷纷表示要放弃他们的股份。老摩根并没有这么做，他认为应该讲信用，于是派人去处理赔偿事务。代理人从纽约回来，不仅处理了赔偿，而且取得了很多投保者的信任，带回来了大笔的现款。于是信用可靠的"伊特那火灾"保险公司在纽约名声大振，新的投保金额提高了一倍以上。

老摩根从这次火灾中净赚了15万美元。在那个时代，15万美元可是笔巨大的财产，而这些财产的取得应归结于老摩根取得了投保者的信任。

后来，当人们问摩根用人方面最看重的是什么时，他明确回答道："我们很注重应征者的信用程度。"他说，"一旦你在金钱的使用上有了不良的记录，我们公司就不会雇用你。很多公司也跟我们一样，很注重一个人的品行，并且以此作为晋升任用的标准。如果一个人不讲信用即使工作经验丰富、条件又好，我们也不任用。我们这样做的理由有四：第一点，我们认为一个人除了对家庭要有责任感外，对债权人守信用是最重要的。你在金钱上毁约背信，就表示你在人格上有缺陷。第二点，如果一个人在金钱上不守诺言，他对任何事都不会守信用。第三点，一个没有诚意信守诺言的人，他在工作岗位上必定也会玩忽职守。第四点，一个连本身的财务问题都无法解决的人，我们是不任用的。因为

多次的财务困难很容易导致一个人去偷窃和挪用公款。在金钱方面有不良记录的人，犯罪率是一般人的十倍。”

"当我们支出金钱时，要诚实守信，这一点也同样适用于我们做人处事。"这位犹太商人的用人标准说明了这样一个问题：诚实是衡量人品行的一把尺子。这把尺子，无论古今中外，都适用于对一切人的检验，诚实守信不仅是一个人品行的证明，同时，它还使人树立起对家庭、对社会的强烈责任感。

履行契约，兑现最初的承诺

人无信不立，从小说话不算数，不信守承诺的孩子，如果他在成长的过程中，没有意识到诚信的重要性，那么长大怎会诚实守信呢？做商人，容易成为奸商；做学者，可能抵不住假学术的诱惑，做官，最终会陷入金钱的漩涡，做个职员，可能会行贿受贿……要想有一个好未来，必须从信守承诺开始！

一个星期日的早晨，妈妈对小远说："今天和妈妈一起出去玩吧，咱们去海底世界！"小远听到这个消息，高兴得手舞足蹈。

他本来答应帮班里的小明补课，现在早忘到九霄云外去了。虽然没有兑现承诺，但他没有丝毫愧疚。

而和他在一个学校的中国籍的犹太小孩凯伦，一般不轻易答应别人事情，但一旦允诺，无论怎么难，都要践行诺言。

这个星期日，他答应给青青捎带一只好看的"小企鹅杯子"，本来家门口的商店就有货，可是很意外，这次断货了。凯伦并没有放弃，他从早晨开始，走遍大半个东城区，午后，终于在一个小店里发现了他承诺别人的东西。

犹太人与各国商人做交易时，对对方的履约有着最大的信心，而对自己的履约也有最严的要求，哪怕在别的地方有不守合约的习惯。犹太人的这一素质可谓对整个商业世界影响深远，真正是"无论怎样评价也不过分"。日本东京有个被称为"银座的犹太人"的商人叫藤田田，他多次告诫没有守约习惯的同胞，不要对犹太人失信或毁约，否则，将永远失去与犹太人做生意的机会。

在犹太人的商旅生涯中，他们曾遭到过无端的打击和歧视，也遇到过无数精心安排的谎言和圈套，但他们始终笃信上帝的教诲：遵守约定，诚实为人，死后方能升上天堂。

犹太父母注重孩子的诚信教育。他们认为诺言是与上帝之间的契约，人必须践行到底。他们总是告诉孩子，不要轻易允诺，如果承诺了，就必须要做到。

在最初教育孩子信守诺言的时候，犹太父母会制定一些简单的规则，让孩子体会到信守承诺是一件非常令人愉悦的事。他们还以身作则，让孩子效法家长的行为。犹太父母还施行一些奖罚措施来帮助孩子学会承担责任，比如，对那些没有说到做到的孩子进行一定程度的惩罚，对于那些守信的孩子则进行奖励。

第十五章

幽默——独特的智慧

幽默中赢得商战

对犹太民族稍有了解的人都知道，犹太民族是一个幽默的民族，他们把自己的经商智慧融于一个个幽默与笑话中。研究犹太人的幽默，其实就是挖掘犹太人的商业理念。

犹太人很重视幽默，并将各种商业与生活经验与感悟融于一则则有趣的幽默中传于后人。

美国和苏联两国成功地进行了载人火箭飞行之后，德国、法国和以色列也联合拟订了月球旅行计划。火箭与太空舱都制造就绪，接下来就是挑选太空飞行员了。

工作人员对前来应征的三个人说："谈谈你们的待遇要求吧。"

德国应征者说："我的要求是3000美元。其中1000美元留着自己用，1000美元给我妻子，还有1000美元用做购房基金。"

法国应征者接着说："给我4000美元。1000美元归我自己，1000美元给我妻子，1000美元归还购房的贷款，还有1000美元给我的情人。"

最后以色列的应征者则说："我的要求是5000美元。其中有1000美元是给你的，1000美元归我自己，剩下的3000美元用来雇德国人开太空船!"

在这则笑话中,犹太人的幽默智慧可以说展现得极为生动。犹太人不需从事实务(开太空船)而只需摆弄数字,就可以自拿1000美元,还可以送工作人员1000美元的人情,这种精明的思维逻辑正是犹太人经营风格中最显著的特色之一。

平心而论,犹太人并没有盘剥德国人,德国人仍然可以得到他自己所要求的3000美元。至于犹太人自己的报价,既然允许他们自报酬劳,他报得高一些也无可非议,至于如何安排,则纯属他个人的自由,就像法国人公然把妻子与情人在经济上一视同仁一样。而且犹太人的精明并没有越出"合法"的界限。

在希伯来语中,智慧被称为"赫夫玛",幽默也被称为"赫夫玛",幽默与智慧同体,不可分割,可见幽默在犹太人心中的分量。

当然,犹太人苦难的历史经历也迫使他们采用了这样一种方式来释放自己,并向这个世界表明他们坚强的生活信念与商业决心,否则他们的民族就不可能经受住那么多磨难而幸存下来,并取得世人艳羡的巨大成就。事实上正是苦难造就了犹太人不可动摇的乐观精神。犹太人性格中的"幽默",是与他们的乐观精神以及向逆境挑战的勇气联系在一起的。

很多犹太传说和民间故事包含着深深的悲剧幽默情调。就像许多犹太民歌一样,它们的旋律中总是回荡着挥之不去的忧伤。但这种忧伤却没堕落为绝望或是自怜自叹。他们总是在净化之中保持着尊严，在坚定的信念中使痛苦也变得高贵，即使是在失败中他们也因为拥有正义而获得道义上的胜利。

幽默具有无法替代的力量

犹太人处事和说话非常幽默，是一个幽默的民族。譬如犹太俗语中有一句话：

"小偷头上的帽子烧起来了。"只有了解了这句话的背景，才能知晓犹太人的机智和幽默。

话说在东欧一个城镇里，有位犹太人的帽子被偷了，而且这帽子到处有卖的，举目一望，许多人都戴着那种帽，根本无法区别哪个人是小偷。

这位犹太人灵机一动，突然大叫一声："小偷，你的帽子烧着了。"当然，第一个摸帽子的人就是小偷。

幽默因机警而生，幽默具有无法替代的力量。

许多东方人不了解"幽默"的含义，甚至认为幽默是一种谨慎、不体面的事。我们常常看到西方人在会议席上妙语如珠；但

是，东方人却认为在会议席上耍幽默有失尊严。

笑能在痛苦时安慰我们的心，能使快乐的我们更加充满活力。幽默的笑可以使人脱离常态，放松心情。幽默还可以扩大心的范围，使人产生更大的力量。

幽默可使尴尬场面活跃起来，也许有些"幽默"反而会使场面黯淡，但这无可厚非，我们无权要求所有的幽默都令人发笑。

高度的幽默感出于理性。只有经过知识磨炼的人才能发出脱俗、有深度，并且合于时宜的幽默，也只有智商高的人才能真正理解幽默的精髓。

幽默是独创的，原始的，新鲜的，第二次重复用一种幽默，幽默就失去了意义。幽默必须出人意料，才能产生效果。

真正有幽默感的人，都能幽默。大多数人面临困境、进退维谷时，总是焦急万分，哪里有心情幽默？只有强者才能在危机之中瞬间离开自己所处的境地，站在客观的立场上来观察自己、幽默自己。所以幽默代表强者的韧性，也代表强者的胆量。

一个人如果能在面临危机之时，站在客观的立场上观察一下自己的处境，必定能想出许多办法来脱离危险，而不是惊慌失措地固守一个据点，最后走向灭亡。人生常常需要做局外观，退一步海阔天空。

幽默是一种精神食粮

犹太人把幽默当作一种重要的精神食粮。

在犹太人眼中，幽默是只有强者才能拥有的特权，因此他们很重视幽默。因为幽默是人所具备的力量中最强大的。

犹太人常说："笑是百药中最佳的良药之一。"

因为"笑"能在痛苦时安慰他们的心，能使快乐的犹太人更加充满活力，可是，犹太人认为笑所隐藏的力量绝不仅此；只要更重视笑，它就会成为人类所有与生俱来的能力中，最强而有力的一种武器。犹太人认为幽默就是要使人笑起来。

欢乐和笑声是犹太人生活中必备的良药，这使他们总能保持一种乐观的生活态度。对犹太人来说，生活的压力太大了，他们无法用泪水和无休止的呻吟来化解它。迫害、痛苦和他们在潮湿的"贫民监狱"里的贫困生活都不能阻止他们的欢笑。

但是，犹太人的笑声不是一般的无聊取乐，也不仅仅是消遣，而是对严酷生活的一种顽强而具有反抗性的回答。因而在犹太人的幽默里存在一种独特的智慧，它不仅仅是一种对生活的尖锐批评，还是一种能帮助他们缓解痛苦，有效地调节、娱乐身心的好办法。

这令人愉悦的幽默，有人把它叫作"犹太风趣"。

很多犹太传说和民间故事包含着深深的悲剧幽默情调。就像许多犹太民歌一样，它们的旋律中总是回荡着挥之不去的忧伤。但这种忧伤却没堕落为绝望或是自怜自叹。他们总是在净化之中保持着尊严，在坚定的信念中使痛苦也变得高贵，即使是在失败中他们也因为拥有正义而获得道义上的胜利。

犹太人性格中的"幽默"，是与他们的乐观精神以及向逆境挑战的勇气是联系在一起的。

犹太人认为，幽默是人们所能拥有的最强大的力量。它能使人放松心情。

因此，每逢尴尬的场面，犹太人总喜欢借助笑话、幽默来使气氛、场面活跃起来。尽管并不是所有的幽默都是成功的，有些幽默反而会使局面更加难堪。但是，犹太人也并不觉得这有什么不好，他们看重的是个人的心态，而不计较效果。因此，犹太人说："只要是幽默就能使人放松心情，而唯有贤者才能在任何情况下，都永远保持着宽松的心情。"

犹太人认为只有那些强人，那些不屈不挠的人，才能在危机之中，瞬间离开自己所处的境地一步，站在客观的立场上，来观察自己、幽默自己。在犹太人眼里，幽默既代表了强人的韧性，也代表了强人的胆量。

附录

影响世界的犹太名人

19 世纪第一个亿万富豪——洛克菲勒

约翰·D·洛克菲勒出生在纽约州里奇福德镇，父亲是个无牌游医，母亲是个循规蹈矩的清教徒。足以见得洛克菲勒的童年过的是如何穷困潦倒。

创业中的洛克菲勒

1855 年，15 岁的洛克菲勒花了 40 美元在福尔索姆商业学院克利夫兰分校就读 3 个月，这是他一生中唯一接受的一次正规的商业培训。18 岁时，他从父亲手中以一分利贷款 1000 美元，与克拉克合作成立了公司，主要经营农产品。

战争需要大量的农产品，是美国的南北战争把 20 多岁嗅觉灵敏的洛克菲勒变成了一个富人。像其他富人一样，他每年花 300 美元雇人替他入伍打仗，而他却紧紧抓住战争给自己带来的重大机遇，积累了雄厚的资本，为今后的发展奠定了坚实的基础。

1859 年，一个名叫埃德温·德雷克的失业的火车列车员，在宾夕法尼亚州的泰行斯维尔钻出了石油；洛克菲勒和一个名叫莫里斯·克拉克的伙伴则在俄亥俄州的克利夫开了一个经纪人的商行。南北战争时期，商行的业务很兴旺，洛克菲勒又开始搞一点铁路和地产生意，同时也密切注意着蒸蒸日上的石油业迅速发展的情况：实际上没有多少希望，而且大部分都失掉了，因为当时，石油价格涨落幅度很大。在钻探第一批宾夕法尼亚油田的时候，原油为 20 美元一桶，后来市场上到了一大批石油，于是两年内价格跌到了 10 美分一桶。不久以后，价格又上涨，1869 年大致保持在每桶 7 美元的水平，只是在 1870 年又降到 3 美元以下。

由于这些原因，洛克菲勒感到钻石油并没有什么意思，于是在 1863 年，洛克菲勒、克拉克和他的两个兄弟，还有化学师塞缪尔·安德鲁斯组成了一个"求精石油厂"，这是克利夫兰地区许多炼油厂之一。洛克菲勒大力经营，使求精石油厂成为该地区最大的炼油厂。每天炼油 500 桶，但是，他的合伙人却犹豫不决，于是两年以后，他就买下了全部产权。为了改善自己的地位，洛克菲勒借了很多债。1865 年和 1866 年，他在克利夫兰买下了 50 个炼油厂，在匹茨堡又买了 80 个炼油厂。

洛克菲勒的一些炼油厂是石油业中设备最新、效率最高的工厂，这就使他在成本方面具有重要的有利条件。

战后经济萧条时期，许多工厂倒闭了，但仍有几家与洛克菲勒展开激烈的竞争。为了达到进一步节约的目的，从而能使他的产品价格比那几家工厂更低，他有点像斯威夫特在行业中所做的那样，采取了几个步骤，以求达到统管生产和销售的全部过程中的纵向综合生产的目的：买下了木材储备和做好的油桶，选了仓库，还设置了船队。此外，他还改组了公司，1867年与另外两位企业家亨利·弗拉格勒和塞缪尔·安德鲁斯组成了合伙关系。3年后，更名为俄亥美孚石油公司。

在石油工业中能够取得成功的关键就是控制其他一切所依赖的最重要的工序或部门，关于这一点，并不只有洛克菲勒一个人认识到。宾夕法尼亚铁路垄断了在油田和东部的港口之间行驶的火车，就迫使洛克菲勒在把他的煤油和其他产品运到东部市场去时，必须按铁路方面所索取的价格支付运费。这种情况与斯威夫特所遇到的情况有些类似。美孚石油公司的领导们也做出了同样的决定，洛克菲勒和弗拉格勒向纽约中央铁路公司提出了一个建议：如果铁路方面能把"美孚"的运费定得很低，他们就永远放弃水运。并且保证每天运60节车皮的石油。中央铁路方面同意了，这样就挫败了宾夕法尼亚的铁路垄断权。

19世纪70年代，美孚石油公司发展得很快，它继续进行勘探，并巩固它对石油业的控制。在此期间，更加提倡节约，清算账目成为一种癖好，价格算到小数后第三位。

洛克菲勒坚持每天早上来工作时，要在他的办公桌上放一份关于净值的财务报表。为了节省运输费用，他开始建造输油管。到1876年，美孚石油公司拥有长达400英里的输油管。还有能储藏150万桶石油的集散点。当宾夕法尼亚铁路在19世纪70年代后期对炼油业进行又一次挑战时，洛克菲勒打垮了这个当时美国最大的公司，然后又买下了该公司的炼油设备。

到19世纪80年代，显然洛克菲勒不能再漠视钻井和销售的事了。宾夕法尼亚的油田开始枯竭。而美孚石油公司当时所控制的公司资产已逾7000万美元。"美孚"得保证有源源不断的原油供应。洛克菲勒买下了几个地区性的销售公司。他的公司已经以"章鱼"著称，在石油业中到处都有它的势力。它的产品大约已占炼油厂产品的90%，并且垄断着诸如煤油、润滑油、石蜡、石脑油、各种溶剂以及"美孚"的科学家和技师从石油中提炼出来的其他一些产品的价格。

随着洛克菲勒石油帝国的发展，本身就存在难以控制的危险，因此，弗拉格勒和美孚的律师塞缪尔·多德在1882年组成了一个托拉斯。它拥有了14个公司，包括俄亥美孚石油公司，拥有其他26个公司的一部分。该托拉斯规定，在纽约、新泽西、俄亥俄和宾夕法尼亚设立以"美孚"命名的子公司，把活动集中在自己所在的州。这种结构不仅强有力，而且极为触目，它的存在促进了当时的反托拉斯运动。洛克菲勒在20世纪初一直控制着市场。

19世纪80年代中期，美孚石油公司正在开发俄亥俄的油田。通过购买俄亥俄石油公司和建立几个新的公司，大陆的中部地区成了美孚石油公司地盘中的主要地区。在加利福尼亚和得克萨斯，还有一些新的勘探工作，但当时公司的这项工作却都停下来。所以，那里是否有很多石油，也是问题。该公司有一个名叫约翰·D·阿奇博尔的董事，表示犹豫不决，他建议把密西西比河西已经发现的原油全部吸收过来。此外，得克萨斯州有一个反美孚石油公司的机构等复杂情况，该州有自己的反托拉斯法。

1894年，得克萨斯州长詹姆期·霍格开始对美孚石油公司起诉，竟然要求把洛克菲勒从纽约引渡到得克萨斯去受审。这事并没有什么结果。但是，在得克萨斯遇到的一些困难情况，说明美孚石油公司不能在得克萨斯做什么勘探工作了。结果，使它失去了找出当时美国历史上最大油源的机会，这一油源的发现，是从1901年在博芒特的斯宾德尔托普发现了石油开始的。在这以后，就出现了一些新的公司，例如海湾石油公司和得克萨斯石油公司（后来称为"德士古"），还有其他一些公司的业务也发展了，包括"太阳"和"壳牌"石油公司。外国的竞争也在加剧。"美孚"在石油工业中的地位受到损害。1911年，它在炼油业中所占比例下降到75％。他的竞争对手们供应的汽油在全国占三分之一。"美孚"在石油产量很高的加利福利亚油田中只占29％，在墨西哥湾沿岸地区的产量中占10％，甚至在曾经是主要石油产区的大陆中部，也只占石油产量的44％。具有讽刺意味的是，也就是那一年，反对托拉斯的人们最后居然胜利了：托拉斯崩溃了，原因是它企图"把别人赶出油田，不让别人有做生意的权利"这倒不是说美孚石油公司垮台了，或者洛克菲勒的权力大大削弱了。它的一个后继公司——新泽西美孚石油公司，是美国第二个最大的工业企业（仅次于美国钢铁公司）。

阿奇博尔德继洛克菲勒之后掌管新泽西美孚石油公司。他虽然对西部的原油的估计失误，但仍不失为石油业中最精明的商人之一。事实上，洛克菲勒始终把培养人才作为自己最重要的任务。

美孚石油公司获得成功的秘密在于有一批人在工作中自始至终真诚地共同合作。几乎从一开始就是这样的，1879年纽约中央铁路公司负责人威廉·H·范德比尔特就赞扬过"美孚"行政管理班子的能力。"这些人比我能干多了，他们的事业心很强，也很精明。在经商中，这样既精明又能干的一班人马，我还没有遇到过。"除了阿奇博尔德和弗拉格勒外，还有洛克菲勒的兄弟威廉，亨利·H·罗杰斯，詹姆斯·莫法特，查尔斯·普拉特，奥利弗·H·佩恩等。这些人形成了美国最能干的一批行政管理班子。

洛克菲勒在他们协助下，成为发展现代公司组织的先锋，他们中的大多数人在"美孚"的执行委员中任职，除了直接管理以外，还制定战略计划，收集并分析情报等工作。凡是5000美元以上的拨款以及需要花费2500美元以上的新建筑，均需要经该委员会批准，甚至年薪增加600美元以上时，也得经该委员会通过。显然，这种情况不能再继续下去，因为洛克菲勒的帝国非常庞大，以至该委员会不得不把一些权力授予中级行政管理部门。后来，有些人提出，"美孚"的结构有一部分是仿效罗马天主教会，其实更主要的是，洛克菲勒和其他工业界巨擘在经营方式方面，有很多是从铁路公司，特别是从宾夕法尼亚铁路公司那里学来的。

生活中的洛克菲勒

　　神秘莫测的洛克菲勒虽然聚敛了巨额财富，但自己的生活非常俭朴，而且时时刻刻都在给他的儿女们灌输他一贫如洗的儿时的价值观。防止他们挥金如土的第一步就是不让他们知道父亲是个富人，洛克菲勒的几个孩子在长大成人之前，从没去过父亲的办公室和炼油厂。洛克菲勒在家里搞了一套虚拟的市场经济，称他的妻子为"总经理"，要求孩子们认真记账。孩子们靠做家务来挣零花钱：打苍蝇2分钱，削铅笔1角钱，练琴每小时5分钱，修复花瓶则能挣1元钱，一天不吃糖可得2分钱，第二天还不吃奖励1角钱，每拔出菜地里10根杂草可以挣到1分钱，唯一的男孩小约翰劈柴的报酬是每小时1角5分钱，保持院里小路干净是每天1角钱，洛克菲勒为自己能把孩子培养成小小的家务劳动力感到很得意，他曾指着13岁的女儿对别人说："这个小姑娘已经开始挣钱了，你根本想象不到她是怎么挣的。我听说煤气用得仔细，费用就可以降下来，便告诉她，每月从目前的账单上节约下来的钱都归她。于是她每天晚上四处转悠，看到没有人在用的煤气灯，就去把它关小一点儿"。他不厌其烦地教育孩子们勤俭节约，每当家里收到包裹，他总是把包裹纸和绳子保存起来。为了让孩子们学会相互谦让，只买一辆自行车给4个孩子。小约翰长大后不好意思地承认说，自己在8岁以前穿的全是裙子，因为他在家里最小，前面3个都是女孩。

　　令人难以置信的是，像洛克菲勒这样节俭成性、贪得无厌的资本家，竟然成了美国历史上最大的慈善家。截止20世纪20年代，洛克菲勒基金会成为世界上最大的慈善机构，他赞助的医疗教育和公共卫生是全球性的。他一生捐献了 5.4 亿美元（现在折合美金 60 亿），他的整个家族对慈善机构的赞助超过了 10 亿美元。中国受益尤多，接受的资金仅次于美国，1915 年，洛克菲勒基金会成立中国医学委员会，由该委员会负责在 1921 年建立了北京协和医科大学，这所大学为中国培养了一代又一代掌握现代知识的医学人才。他的赞助不仅是给原始医学致命的一击，还给慈善业带来了一场革命。在他之前，富有的捐赠人往往只是资助自己喜爱的团体，或者馈赠几幢房子，上面刻着他们的名字以显示其品行高尚。洛克菲勒的慈善行为则更多地致力于促进知识创造和改善公共环境，这完全超越了个性，更加富有神话色彩，其影响更为广泛，意义也更加深远。

他通过创立芝加哥大学确定了今后作慈善家的工作方式。洛克菲勒并不喜欢在公开场合抛头露面。1897 年，芝加哥大学校长哈伯终于成功说服洛克菲勒参加五周年校庆。这天，3000 多名衣冠楚楚的教授和学生见到了这位身着普通礼服、头戴丝质礼帽的创建人。第二天，洛克菲勒骑上自行车参观校园，每到一处，学生们都齐唱道："约翰·D·洛克菲勒，他是一个了不起的人，他把余财全部献给了芝加哥大学。"学生们的爱戴使这个年近花甲的老人心满意足，另外，始创于 1901 年的洛克菲勒大学的教师名录中，诺贝尔奖得主比比皆是。

洛克菲勒这种具有划时代意义的奉献行为，使人们对他的看法和评价参差不一，在他的身后留下了一个自相矛盾的名声。他集虔诚和贪婪，同情心和凶残狡诈于一身；他是美国清教徒先祖们毁誉参半的传统化身，鼓励节俭和勤劳，同时又激发贪婪的本性。由于担心有人会破坏墓地，他的棺木被放在一座炸药无法炸开的墓穴中，上面还铺着厚厚的石板。而各家报纸登载讣告纷纷把他说成是乐善好施的大慈善家，只字不提那个残忍的托拉斯大王——约翰·戴维森·洛克菲勒。无论是持什么立场的政治家，包括那些同他有过过节的人，无不对他大加赞扬，一位检察官是这样称赞这位曾经搪塞敷衍的证人的："除了我们敬爱的总统，他堪称我国最伟大的公民。是他用财富创造了知识。世界因为有了他而变得更加美好。这位世界首席公民将永垂青史。"

开创新式新闻事业的杰出报业人——普利策

与当今拥有 120 亿美元资产的报业大王鲁珀特·默多克相比，约瑟夫·普利策 2.8 亿美元的资产似乎少了点，但普利策却是世界公认的报业巨子。普利策比默多克几乎早出生一个世纪，是美国历史上最光彩夺目的新闻界人物之一。

在他的新闻生涯中，为使新闻成为社会公认的一门学科，普利策做出了杰出的贡献。他的一生标志着美国新闻学的创立和新闻事业的迅猛发展。他曾捐赠 200 万美元创办了美国第一所新闻学院——名扬世界的哥伦比亚新闻学院。普利策逝世后，创立了美国新闻界最负盛名并以其名字命名的新闻奖。他对美国新闻界的影响大大高于其遗嘱中所设立的普利策奖，然而该奖赏使他对美国新闻界的影响至今仍可感受到。

在战火中登陆美国的少年

1864年，美国的南北战争正如火如荼，紧张的气氛弥漫在北美的每个角落。

在北方东海岸的波士顿港，深夜是一片死寂。港湾内的一艘船上，一个17岁的男孩四下张望了一会儿，趁船上人没注意，迅速跃入冰凉的海水中。他潜入水底，向岸边游去。游了一会儿，已筋疲力尽。他仰浮在水面上休息了一会儿，浑身冰冷，几乎支持不住了。他想喊"救命"，但这一喊，美国海岸警卫队士兵就会向他开枪射击。就算不被击毙，海防人员也会将他遣送回船上。于是他咬着牙继续向前游。突然，他被岸边的木桩撞得疼痛难忍，总算到达目的地了。这个冒险跳海的17岁男孩，名叫约瑟夫·普利策。这位后来在美国功成名就，成为大富豪和新闻界创始人的普利策，就是这样踏上美国大陆的。

普利策于1847年4月10日出生在匈牙利马科的。一个犹太家庭，他父亲是个富有的粮食商人，而德国母亲则是个笃信罗马天主教的教徒。普利策在该地私立学校和私人教师的教育下长大成人。他父亲因心脏病去世后，母亲再嫁，他和继父布劳相处不好，使得他在家里吃了不少苦头，因此他一心想要外出独立，17岁的普利策就这样离开了家。

普利策偷渡上岸后，花了差不多一星期的时间才抵达纽约。他找到联军总部，报名当兵。"林肯骑兵队"一名军士接待了他，军士见他英语说得很别扭，突然用德国话问他："你会骑马吗？孩子。"此时普利策心跳得厉害，对于一个在匈牙利农村小镇长大的孩子来说，骑马是他最喜爱也最拿手的。当他听清楚"骑兵"的意思后，便高兴地点了点头，那军士便领他去见一名军官，军官和蔼可亲地拍拍他的肩膀："你想为这个国家打仗，一定是刚从船上下来的，你要证明自己也能做道地的美国人，是吗？这太好了，你找对地方了。这里的林肯骑兵队队员全都是来自德国的高尚家庭，他们会像兄弟般的照顾你的。"于是，17岁的普利策成为了林肯骑兵队里最年轻的一名战士。

　　1865年，美国南北战争结束了，纽约城里挤满了找不到工作的退伍军人，年仅18岁的约瑟夫·普利策就是其中的一员。他会讲匈牙利语、德语和法语，但英语却不怎么好，这成了他在纽约寻找工作的障碍。无事可干的普利策时常在纽约街头游荡，凝视着熙熙攘攘的派克大街，思考着自己今后的生活出路。最后，他决定到德国人聚集的城市圣路易斯去，在那里也许能找到工作。圣路易斯城在当时的普利策心目中是希望之乡。

　　在这种希望的驱动下，普利策穿越美国1/3的国土，来到了圣路易斯城，此时他已经身无分文。圣路易斯并非是他想象中的希望之乡，他还是经常失业。他先后当过船台的看守、舱面水手、饭店侍者等，他经常干不了多久就被解雇，只好另找工作。

在新闻界成长

即使在这样困难的时期，普利策也没忘记利用业余时间学习英文，博览群书。他一头扎进圣路易斯的商业图书馆，学习英语和法律。他事业的最大转机就发生在图书馆的棋艺室里。在观看两位常客弈棋的时候，他对一步棋的精辟论断使弈棋者大为震惊，并和他聊了起来。这两位弈者是一家德语大报《西方邮报》的编辑，他们给他提供了一份工作。4 年之后的 1872 年，被誉为一个不知疲倦、有前途的记者，年轻的普利策获得濒于倒闭的报社的控股权。25 岁时，普利策成为一个出版商，此后一系列精明的商务决策，使他在 1878 年时成为《圣路易斯邮报》的老板，以一个前途辉煌的人物出现在新闻界。

普利策对报社的拼命三郎式的工作方法使他付出了代价，他的健康受到损害。随着视力下降，普利策和妻子于 1883 年去纽约，按照医生的要求准备乘船赴欧休假。然而他没有在纽约上船，而是固执己见的会见了金融家杰伊·古尔德，与他谈判收购正面临财政困境的《纽约世界报》的事宜。普利策不顾严重的健康状况，全身心投入寻找报纸的出路上，最终为《纽约世界报》社论方针、内容和版面带来了巴雷特称之为"单枪匹马的革命"的变化。他采用了一些曾提高《邮报》发行量的技巧，反对政府和商界的腐败行为，新闻专栏充满着大量的耸人听闻的特写，并首次采用大量插图，刊登新闻噱头。在其中一次极为成功的推销中，《世界报》请订阅者募集捐款，为在纽约港入口处搭建一个台基，以使困在法国等待装船的自由女神像有个安放之处。

这一措施效果甚佳，在此后的10年里，《世界报》所有版本的发行量攀升至60多万份，成为全国发行量最大的一家报纸。

但出人意料的是，普利策本人却在发行量的大战中成了牺牲品。《太阳报》的出版人查尔斯·安德森·达纳由于《世界报》的获胜而大受挫折，便开始对普利策进行恶毒的人身攻击，说他是一个不承认自己种族和信仰的犹太人。这一持续的攻击就是要让纽约的犹太人疏远《世界报》。普利策的健康在这一灾难中愈加衰弱。1890年43岁时，他退出了《世界报》的编辑岗位，从此再未回到过编辑部。他几乎完全失明，在极度的消沉中又患上了一种痛苦的对噪音极为敏感的病。他出国苦苦寻求良医，却一无所获。在此后的20年里，他基本上把自己关在他称之为隔音室的"地窖"里，在他的"自由号"游艇上，在位于缅因州巴港他的度假圣地"静塔"中，以及他的纽约私邸里。

在那些年月里，普利策虽然出访频繁，但他却成功地密切控制着他的报纸编辑与业务的发展方向。在1896年至1898年期间，普利策卷入了一场与威廉·伦道夫·赫斯特领导的《日报》的激烈发行大战。两报几乎无节制地刊登耸人听闻或是胡编乱造的新闻报道。在古巴人反对西班牙人的统治中，普利策与赫斯特均想在煽动反西班牙人的愤怒情绪方面一争高低。1898年2月16日，美国军舰"缅因号"神秘爆炸并沉没在哈瓦那港后，双方均呼吁对西班牙宣战。国会面对强烈的呼声，通过了战争决议。四个月的战争之后，普利策不再采取被称为"黄色新闻"的策略。《世界报》变得较为克制，在许多问题上它有影响力的社论代表了民主党的声音。历史学家认为，普利策在公共服务方面的成就要强于他滑入"黄色新闻"的过错。他开展了对政府和商业腐败行为勇敢和成功的声讨。他在很大程度上为反垄断法的通过和保险行业的规范管理起了重要作用。1909 年，《世界报》揭露了一起美国对法国巴拿马运河公司支付四千万美元的舞弊案。联邦政府向《世界报》发动了严厉反击，控告普利策恶毒诽谤西奥多·罗斯福总统和包括银行家 J·P·摩根在内的一些人。

普利策没有退缩，《世界报》继续进行调查。当法庭撤销起诉后，普利策为新闻自由而取得的这场关键性胜利赢得了广泛赞誉。1904 年 5 月，普利策在为《北美评论》撰写的一篇建议成立一所新闻学院的文章中总结了他的信条，"我们的共和国将与媒体共存亡。拥有训练有素、是非分明、有勇气为正义献身的智能型报人的有能力、公正、具有民众精神的媒体，就能够维护那种公众品德，而缺乏它，人民大众的政府既虚伪又令人嘲笑。一个愤世嫉俗、唯利是图、蛊惑民心的媒体，最终会制造出一代像自己一样卑劣的民众。塑造共和国未来的力量掌握在未来的新闻记者手中。"

普利策奖项的历史

普利策 1904 年的遗嘱规定了普利策奖的设立是对杰出成就的激励。他具体规定有四项专门新闻奖，四项文学戏剧奖和一项教育奖，还有四项旅行奖学金。在文学奖中，应有一本美国小说、在纽约上演的一部美国独创戏剧、一本有关美国历史的图书、一位美国人的传记和由媒体所作的公共服务历史的书籍。然而，普利策对社会的迅速进步极为敏感，这促使他做好了对奖励体制做大范围变动的准备。自1917年开始颁奖后，顾问委员会更名为普利策奖委员会。将奖项扩大到21个，增设了诗歌、音乐和摄影奖，同时仍一如既往地恪守设奖人遗嘱和意愿的精神。

普利策在他的遗嘱中将两百万美元捐赠给哥伦比亚大学，用以建立一所新闻学院。其中1/4用来设立鼓励公共服务、公共道德、美国文学、促进教育的奖项或奖学金。之所以这样做，他说："我对新闻业的进步与提高深感兴趣，因为我一生从事这个行业，把它看作是一个崇高的职业，一个因其对人民心灵和道德产生影响的具有无与伦比重要性的职业。我希望能够协助吸引正直和能干的年轻人加入这个行列，同时也帮助那些业已从事这个行业的人们能够获得最高水准的道德和智力培训。"

1912年，即普利策去世后的第一年，哥伦比亚新闻学院成立了。1917年在普利策授权委托管理的顾问委员会的监督下，颁发了第一批普利策奖。对委员会成员和评审团的挑选，主要看专业才能及其他方面的多样性，诸如性别、民族、地域分配，还有记者挑选和报纸规模。

普利策在攀登美国新闻业顶峰的过程中几乎没有得到任何帮助。他以一个自我奋斗成功的人而自豪。或许正是因为他作为一个年轻记者所经历的艰辛，才使他产生了扶植专业培训的愿望

现代物理学之父——爱因斯坦

在 20 世纪的科学奥林匹斯山上，爱因斯坦居于最高的荣誉地位。爱因斯坦属于少数最有资格代表和标志这个世纪人类思想和科学发展水平的天才之一。他以其创立了相对论的非凡智慧，奠定了现代物理学乃至整个现代自然科学的基础，掀起并领导了一场变革科学观念的革命，极大地推动了人类文化的发展进程。爱因斯坦也是民主与和平的热切倡导者，是坚持科学技术应造福人类这一原则立场的科学工作者的榜样。就其影响的深远而言，在 20 世纪所有著名的科学家中，还没有一个人能够与他匹敌。

早期生活

1879 年，阿伯特·爱因斯坦出生在德国西南部古城乌耳姆的一个犹太人家庭。父亲是个电工设备店店主，母亲是个有成就的钢琴家。1880 年，随全家搬到慕尼黑，在那里度过了他的童年生活。4 岁那年，父亲给了他一个指南针，引起了他强烈的好奇心，他觉得似乎有一种神秘的力量支配着那枚指针，这种惊奇感构成了他探索事物原委的初始动力。

辉煌的 1905 年

1901 年，爱因斯坦毕业于瑞士苏黎世联邦工业大学，从这一年起他开始在德文科学杂志《物理年鉴》上发表研究成果，1905 年他的研究达到高峰。

那一年，《物理年鉴》发表了他的5篇论文。第一篇——《分子大小的新测定法》使他获得了博士学位。第二篇——《关于光的产生和转让和一个启发性观点》成功地把两个相互矛盾的光学理论——波动说和粒子说结合在一起，大胆地提出了光的量子化理论。这一学说澄清了长期存在于光学中的理论混乱，令人信服地解释了诸多费解的实验现象。值得一提的是，他的研究奠定了量子论的基础，由此衍生的波粒二象性观点经过另一位物理学家——法国的德布罗意的发展，成为物理学家最基本的世界观，成为现代物理学最重要的和最基本的概念之一。这一成就使他赢得了1922年的诺贝尔奖。第三篇论文《在热分子运动论所要求的静液体中悬浮微粒的运动》讨论了涨落现象，阐明了几个非常重要但未能精确测得的物理常数的关系。尤为重要的是，爱因斯坦的工作打消了理论界对分子实在性的疑虑。

以上三篇论文已取得了辉煌的成就，但是与第四篇相比都显得黯然失色。这篇题为《论动体的电动力学》的论文开创了一场真正的革命。20世纪初的物理学蕴含着深刻的危机，在经典物理学的两大支柱——牛顿力学和经典电磁学之间存在着难以调和的矛盾。为了解决这一致命的矛盾，许多物理学家做出了艰苦的努力，有些人甚至已经提出了非常接近正确思想的方案，但是，只有爱因斯坦敏锐地认识到，矛盾的核心在于牛顿的绝对时空观念。爱因斯坦认为，时间和空间都是相对的。他在向束缚人类千年的经济和统治科学界近300年的权威进行挑战。

登上顶峰

爱因斯坦在科学界掀起狂飙，他的成就为他奠定了学术生涯的基础。1908年，爱因斯坦受聘为伯尔尼大学兼职讲师，次年又受聘为苏黎世联邦工业大学副教授，不久，升为教授。1911年他接受了奥匈帝国布拉格德国大学的教授职务。1913年，柏林请他担任威廉皇帝物理研究所所长，普鲁士科学院院士，柏林大学教授。1914年他赴德国就职。

其后不久，第一次世界大战爆发。爱因斯坦最伟大的科学成果诞生于孤独的处境之中。

爱因斯坦认为狭义相对论也没有穷尽真理，他勇于创新，不断前进，于1915年完成了广义相对论，正是这一理论成为现代物理学的基础。

英国科学家仔细地研究了爱因斯坦的理论。根据广义相对论的预言，光线在恒星附近将受引力场的作用弯曲。英国皇家天文学会决定在1919年5月29日对这位敌国科学家的理论进行决定性的检验。两支远征队实施了这一计划，结果与爱因斯坦的预言完全相符。

相对论的成功使爱因斯坦在一夜之间成为举世瞩目的英雄。那只有少数人能看懂的深奥理论使他得到全世界的崇拜，相对论、四维时空和爱因斯坦的名字联在一起，成为家喻户晓的名词。各国大学纷纷授予他名誉教授称号，他开始应邀赴世界各地访问、讲学。在他50岁生日时，收到了成千上万的礼物和难以计数的贺信、贺电，邮局不得不专门为他设了一个信箱。在荣誉的包围和追逐中，爱因斯坦依旧坚持着简单、朴素的生活方式。他没有被盛名所累，仍然专心研究，闲暇以演奏小提琴和湖上泛舟为乐。

正当爱因斯坦声名如日冲天之际，纳粹对犹太人的攻击也开始了。1932年冬爱因斯坦赴美国讲学，归途中他得知希特勒已攫取政权，纳粹势力席卷德国，第三帝国挥起屠刀，对犹太人的清洗已全面展开。当爱因斯坦在比利时港口登陆时，他已无家可归了。

纳粹德国把爱因斯坦称为"犹太国际阴谋家"和"共产国际阴谋家"，动员了学术界对他进行声讨，并且悬赏2万马克要他的人头。爱因斯坦毫无畏惧，坚决斗争。

英雄晚年

第二次世界大战结束后，爱因斯坦从和平主义立场出发，致力于建立世界政府和永远消灭战争的运动。他认为建立世界政府是维护和平的最佳方案，建议把联合国改组为世界政府。他政治活动的另一个重要内容是反对核战争，要求终止核武器研究，完全、无条件禁止核武器并清除现有核武器储备；反对美国扩军备战，反对限制和剥夺公民自由的麦卡锡主义。一些右翼分子污蔑攻击他是美国的"敌人"，威胁要取消他的美国公民身份，扬言要传讯他。爱因斯坦以大无畏的精神，拒绝传讯作证，声明即使"必须坐牢和准备经济破产"也决不屈服。

爱因斯坦关心世界和平与民主，但他的研究却从未因政治活动中止过。1952年，以色列政府推举他担任总统，他没有接受。广义相对论完成后，他主要致力于相对论的发展和完善工作。在理论物理的核心中蕴涵许多哲学问题，因此，他在晚年从事了相当多的哲学探索。在爱因斯坦的后期研究中，继续探索真理追求创新，最富雄心的是构造统一场理论的努力。爱因斯坦试图以统一形式的理论描述电磁场和引力场，如果这一理论获得成功，自然界的和谐与统一将得到最完美的阐述，而且根据爱因斯坦的设想，统一场理论将可以描述微观尺度的运动，量子理论将作为大理论的一个推论。可惜他的努力没有成功。

1955年4月18日凌晨，爱因斯坦在普林斯顿因病逝世。根据他的遗嘱，没有举行葬礼，也没设坟墓、纪念碑和纪念殿堂。然而，他的文化品格却具有永恒的价值和魅力，他早已在人们心中树起了不朽的丰碑。

国际金融大鳄、对冲基金之王——索罗斯

索罗斯是国际金融市场上的风云人物，号称"金融天才"。他对金融的嗅觉特别灵敏，一旦发现国家和地区的经济出现了问题，就像一条大鳄鱼，迅速作出判断，鲸吞财富。

目前，索罗斯管理的资产超过百亿美元，主要是量子基金、老虎基金等，从事各种金融交易，特别是在期货市场尤为出色。他是全球最大的投机者，短短的时间输赢常在数亿元以上。1992

年几个月内，获利超过数十亿美元，创造了投资史上的神话。但也有消息说，他在俄罗斯的投资损失达到20亿美元，在香港的投资损失了几亿美元。和一些富豪相比，索罗斯显得很俭朴，没有游艇，高级轿车和私人飞机，出外旅行，他乘普通民航飞机，自己招出租车，甚至搭巴士，但把赚来的很大一部分钱用于慈善事业，捐赠的金额近十亿美元。一方面慷慨解囊，另一方面却无孔不入地攫取金钱，索罗斯堪称是天才与魔鬼的结合体。

乔治·索罗斯1930年生于匈牙利的布达佩斯一个犹太人的家庭，出生时的匈牙利名字叫吉奇·索拉什，后英语化为乔治·索罗斯。乔治·索罗斯的父亲是一名律师，性格坚强，极其精明，他对幼时的索罗斯的影响是极其深远的。他不仅教会了索罗斯要自尊自重、坚强自信，而且向索罗斯灌输了财富太多对人是一种负担的观点。索罗斯在以后的生活中，将亿万家财投入慈善事业，这不能不说是得益于其父亲的影响。

索罗斯在少年时代就尽显自己的与众不同，他个性坚强，擅长运动，尤其是游泳、航海和网球。他还是各种游戏的常胜将军。索罗斯的童年是在父母悉心关爱下度过的，非常幸福。但到了1944年，随着纳粹对布达佩斯的侵略，索罗斯的幸福童年就宣告结束了，随全家开始了逃亡生涯。那是一个充满危险和痛苦的时期，全家凭着父亲的精明和坚强，才得以躲过那场劫难。这场战争给索罗斯上了终生难忘的一课：冒险是对的，但绝不要冒毁灭性的危险。

锋芒初现

1953 年春，索罗斯从伦敦经济学院学成毕业，他立刻面临着如何谋生的问题。一开始，他选择了手袋推销的职业，但很快发现买卖十分难做，于是他就又开始寻找新的赚钱机会，当索罗斯发现参与投资业有可能挣到大钱时，他就给城里的各家投资银行发了一封自荐信，最后 Siflger & Friedlandr 公司聘他做了一个见习生，他的金融生涯从此揭开了序幕。

不久，索罗斯成了这家公司的一名交易员，专门从事黄金和股票的套利交易，但他在此期间表现并不出色，没有赚到很多的钱。于是，索罗斯又做出了将影响他一生的选择：到纽约去淘金。

1969 年，39 岁的乔治·索罗斯终于脱颖而出了。他靠这十几年赚来的钱以及与伦敦和纽约金融界的良好关系，与人合伙成立了"量子基金"的私募投资合伙基金。就像微子的牧师星不可能同时具有确定数一样，在乔治·索罗斯看来，市场也经常处于一种不稳定的状态，很难去精确地度量和估计。投资者如果能对明显的事物打个折扣，而把赌注压在别人意想不到的事物上，则必将获得大利。

乔治·索罗斯主管"量子基金"之后，他在证券交易方面的天才得到了充分的体现。乔治·索罗斯基金的投资原则就是全方位、多方向地投资。他投资的对象种类繁多：有恭贺兰的股票、香港的房地产、日本的铁路；有债券、期货、股票、期权、货币、指数等。他运用技艺复杂、套路多变，以少量度的保证作大量地投机性买卖，如卖空、期权等。一般人难以捉摸，更不可能去效法了。

乔治·索罗斯并不去花费大量时间研究经济，也不花大力气去阅读铺天盖地的股票分析报告，而主要是以自己独到的眼光通过阅读报章来形成自己对股市的见解和判断。同时，他还经常与世界各国的权威人士保持联系，以保证消息的通畅。他知道，在证券市场上，没有任何东西会比确凿的内幕消息赚钱更快。

乔治·索罗斯和巴菲特、林奇一样，不相信证券市场是有效果的。他认为证券的技术分析是没有任何理论根据的，真正有用的还是基本面分析，也就是行业分析和公司分析。尽管他在大部分时间内都是很成功的，决策面也基本正确。但是，他管理的量子基金的路程却大起大落。例如在1981年，有近半数的投资者因为不看好乔治·索罗斯四处出手的投资战略，而退出了基金。可到了1982年，"量子基金"的收益率却达到了57%。1987年，全球性股灾时，乔治·索罗斯虽然预见到期股市将狂跌，但错过了最佳退出的时机，在短短的几天之内损失了8亿美元，相当于量子基金账面资金的三分之一。

乔治·索罗斯因此说：只预见到某种事物还不够，还要准确地把握事物变化的战机。当然，如果不知道它什么时候会来临，则更加无济于事了。耐心的长期投资者如果真正懂得乔治·索罗斯投资对象的价值，花50元买下一年以后值100元的东西，就用不着担心是否能准确地把握时机了！

英镑终结者

乔治·索罗斯最引人注目的是在 1992 年炒外汇，"量子基金"一下子获得 15 亿美元的天文数字的利润。欧洲经济共同体在 1979 年把 11 种欧洲货币的兑换率联系在一起，组成了一种欧洲货币汇率，允许欧洲各国货币在规定的欧共体共同汇率2.75% 的范围内上下浮动。如果某国货币汇率越出这一范围，各国中央将采取一致行动，出面作市场干预，以保持欧洲货币汇率的稳定。

然而欧洲各国的经济发展不均衡，政策不统一，货币受到该国利率和通货膨胀的影响或强或弱，欧洲货币汇率迫使各国中央银行买进疲软的货币，卖出强劲的货币以遏制外汇活动造成的不稳定。

乔治·索罗斯在 1989 年 11 月柏林墙崩溃，东西德统一以后，就已经敏锐地意识到欧洲货币汇率机制已无法继续维持了。因为这种机制要求欧洲各国经济发展齐头并进才可以得以实现。但是德国的统一使德国经济发展远远超过了欧洲邻国，因而其他欧洲国家指望依靠德国的货币政策是不现实的。

1992 年 9 月，英镑对马克的汇率已降至 2.75% 的范围下限。尽管根据欧洲共同体条约的规定，德国中央银行和英国中央银行大量买进英镑，但仍无法制止英镑的贬值。当时英国的经济处于不景气的状态，利率已经很高了，而靠提高英镑利率的办法来支撑英镑的币值，可能会严重损害英国的经济，对英国经济雪上加霜。于是英国要求德国降低德国马克的利率以减轻国际汇价对英镑的压力。但是德国统一以后，为了重建东德，造成了经济过热，开支过高，德国政府不得不采用维持高达10%的年利率的高利率政策来降温。因此德国中央银行拒绝了英国的这一要求，于是矛盾进一步激化了。

德国的行长在华尔街日报上发表谈话，称欧洲货币体系的不稳定，只有通过贬值才能解决。他虽然没有点明希望英镑贬值，但是希望重新组织欧洲货币，重新调整欧洲货币之间的汇率。精明的乔治·索罗斯

识破了这话的含义，认为这一次德国央行是不会出面支持英镑，本能和经验告诉他千载难逢的机会来到了，于是，乔治·索罗斯放手大量卖空英镑及买进马克。

当时乔治·索罗斯以5%的保证金方式大量贷出英镑，购入马克，以期在英镑下跌以后再卖出一定量的马克，买空卖空进英镑而从中净利赚一大笔马克。这种保证金方式的借贷有很强的杠杆作用。使1亿美元可以发挥20亿美元的威力。于是原来10%的利润率就会变成200%，所谓四两拨千斤说的就是这种情况。

乔治·索罗斯当时动用了"量子基金"10亿美金作担保，借了200亿美元的英镑，使之发挥了极限作用。果然，英国中央银行被迫退出了欧洲货币体系，英镑猛跌，欧洲各国中央银行损失了相当60亿美元。而乔治·索罗斯卖空相当于200亿美元的英镑，买进相当于180亿美元的马克的操作，使他在短短一个月内

赚了 15 亿马克，创造了一项世界金融纪录。

  非但如此，乔治·索罗斯又预见到欧洲货币汇率机制和货币机制的重组，欧洲股市将会不振，进而会连带影响各国利率的下调。于是他再接再厉，在卖空英镑的同时又购进了相当于 5 亿美元的英国股票。乔治·索罗斯认为，英镑下跌英国的股票会有所增值。他认为马克和法国法郎的升值将会对其本国的股市不利，因为货币升值的直接后果是会引起各国利率的下降。简单地说，这是基于马克和法郎的升值使德国货品与法国货品相对价格上升，出口品变贵了，从而使法德两国的出口减少。而德国和法国的经济又都是出口型的，出口的下降将削弱其整个经济，从而迫使德国和法国政府降低利率以刺激经济。事态的发展果然如乔治·索罗斯所料，英镑下跌了 10%，马克和法郎增值了 7%，而伦敦股市上升了 7%，德国和法国的债券增值了 3%，而这两个国家的股市则处于不振的状态。由于他算得特别精确，因此，量子基金的总量 1992 年 8 月为 33 亿美元，而到了 10 月却已高达 70 亿美元了。短短的两个月内，奇迹般地翻了两倍多。

图书在版编目（CIP）数据

犹太人凭什么赢 / 乐渊编著 . — 长春：吉林文史
出版社 , 2018.4（2023.6 重印）
　ISBN 978-7-5472-4981-9

Ⅰ . ①犹… Ⅱ . ①乐… Ⅲ . ①犹太人－成功心理－通
俗读物Ⅳ . ① B848.4-49

中国版本图书馆 CIP 数据核字 (2018) 第 064823 号

犹太人凭什么赢
YOUTAIREN PINGSHENME YING

书　　名：犹太人凭什么赢

编　　著：乐　渊

责任编辑：程　明

封面设计：冬　凡

插图绘制：王文宣

出版发行：吉林文史出版社

电　　话：0431-86037509

地　　址：长春市福祉大路 5788 号

邮　　编：130021

网　　址：www.jlws.com.cn

印　　刷：三河市燕春印务有限公司

开　　本：145mm×210mm　1/32

印　　张：8 印张

字　　数：240 千字

印　　次：2018 年 10 月第 1 版　2023 年 6 月第 6 次印刷

书　　号：ISBN 978-7-5472-4981-9

定　　价：36.00 元